알뜰 살뜰
생활의 지혜

프 로 주 부 를 위 한

알뜰 살뜰
생활의 지혜

신응섭 엮음

큰나무

프로 주부를 위한

알뜰 살뜰
생활의 지혜

신응섭 엮음

....

초판 1쇄 인쇄/1998월 8월 20일
초판 3쇄 발행/1999년 9월 15일
펴낸곳/도서출판 큰나무
펴낸이/한익수
맥편집/최정은

✛

COPYRIGHT © 1998 by Shin, Eung-seb, Printed in KOREA

등록/1993년 11월 30일(제5-396호)
주소/120-090 서울시 서대문구 홍제동 215
전화/736-9653, 6960 팩스/732-8694
통신/천리안 큰나무북 E-MAIL/BTREEPUB@Chollian.net

✛

＊저자와의 협의하에 인지는 생략합니다.
＊잘못 만들어진 책은 바꿔 드립니다.

값 10,000원

ISBN 89-7891-059-9 13590

이 책을 당신의 생활 속의 지혜로

활용하기를 소망하며…….

작가의 글

언젠가 책에서 이런 내용을 읽은 적이 있다.

"유대 사회에서 노인들의 경험과 지혜는 소중한 교훈으로 존중되고 있다."

그렇다, 생활의 지혜 자료를 모으고 다듬으면서 이런 생각이 들었다. 이 자료들은 "노인의 경험에서 우러나온 삶의 지혜로서 모두가 아름다운 빛을 내는 보석이 된 거 같다"고…….

주부는 하루가 무척 바쁘다. 엄마로서, 아내로서, 그리고 여자로서, 며느리로서 하루를 살아내려면 얼마나 힘들고 고달프겠는가?

그러나 분명한 것은 나 자신을 희생하는 것은 좋으나 나 자신을 버려서는 안 된다는 사실이다.

지금까지 그저 평범한 주부였다면 이제부터는 자신을 한 번 가꿔 보자. 그리고 집안을 단장하고 꽃들도 꽃병에 꽂아 보자. 그러면 자신이 변해 가는 것을 볼 수 있을 것이다.

이 책은 당신을 위해 만들었다.

가능하다면 오리고, 붙이고, 낙서하고 해서 당신 것으로 만들기 바란다.

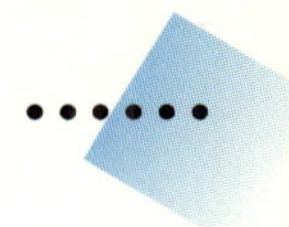

　이 책은 그냥 책꽂이에 꽂아만 두는 전시용 책이 아니다. 필요한 부분은 적어서 냉장고나 메모판에 붙여 놓도록 하자. 그리고 생활의 지혜를 직접 활용해 보자. 스텐실을 배워서 집안을 그림이 있는 풍경으로 만들어 보고, 또 핸디 코트를 발라 분위기 있는 카페를 연출해 보자. 이렇게 하나부터 시작하면 삶이 보다 윤택해질 것이다.

　하루 종일 TV를 보는 것보다 어느 광고 카피처럼 1초라도 같은 모습으로는 살지 말자.

　끝으로 이 책이 나오기까지 수고를 아끼지 않은 큰나무 출판사 사장님과 편집부 여러분에게 감사드리고 특히 이 책을 소중하게 만들어 준 최정은 님에게 감사드린다.

신응섭

Contents

차 례

Contents

1. 옷의 보관과 세탁

2. 음식의 조리와 방법

3. 재테크

4. 미용 관리

5. 인테리어

6. 집안 관리

7. 의학 상식

8. 여 행

9. 육아

10. 시장 정보

부록1. 웨 딩

부록2. 격 식

옷의 보관과 세탁

1

알 뜰 살 뜰 생 활 의 지 혜 ●●●●●●●●●●

1. 옷의 보관과 세탁

세탁할 때 물의 온도

통 세탁을 할 때 더운 물에 세제를 넣고 세탁하다가 헹굴 때는 차가운 물로 하는데 이 방법은 잘못된 것이다. 더운 물에서 비누질을 하고 차가운 물로 헹구면 오히려 때가 잘 빠지지 않는다.

세탁을 할 때는 처음부터 끝까지 같은 온도에서 하는 것이 효과적이다.

세탁용 세제 절약법

을 세탁할 때는 빨랫감을 미리 넣고 세제를 넣게 된다. 이렇게 하면 아무리 많은 양의 세제를 넣어도 때가 빠지는 데는 별 차이가 없다.

세제의 거품이 때를 빼는 것이므로 세탁기에 물을 받은 다음 세제를 넣고 세탁기를 조금 돌려서 거품을 충분히 낸 다음 빨래를 넣는다. 이렇게 하면 표시량보다 20~30% 정도 세제를 절약할 수 있다.

여름철 의류의 세탁과 보관

 기가 많은 장마철에는 빨래를 해도 잘 마르지 않고 퀴퀴한 냄새도 난다. 그리고 땀이 밴 흰 옷을 오랫동안 그냥 놔두면 소금기 때문에 색이 누렇게 변한다.

빨래를 할 때 식초를 약간 넣으면 땀냄새도 제거되고 옷 색깔도 선명하게 유지된다. 양말이나 스타킹에도 식초를 사용하면 좋다.

물 한 대야에 식초 한 차숟가락이 적당하다. 특히 흰색 면소재 옷은 세탁 후 표백제를 넣어 10분 정도 삶은 뒤 깨끗이 헹군다. 그리고 햇볕에 오랫동안 말려 습기를 완전히 제거한 다음 보관해야 한다.

탈색 방지 세탁법

 을 세탁할 때 탈색이 되면 다른 옷까지 물들 수 있다. 일단 탈색이 되는 옷이라면 세숫대야에 물 2리터를 넣고 중성 세제 두 숟가락과 식초 한 숟가락을 탄다. 그 물에 세탁하면 탈색 방지에 도움이 된다.

참고로 물 2리터가 어느 정도인지를 모르면 음료수 병 큰 것

이 1.5리터이므로 이것을 참조로 한다.

모직용 세제가 없을 때 세탁법

직물은 알칼리에 약하므로 약알칼리성인 세탁용 세제를 쓰면 안 된다.

모직물용 세제가 없을 때는 샴푸나 주방용 세제를 미지근한 물에 조금 풀어 사용하면 된다. 그리고 순모 스웨터는 샴푸를 물에 풀어 세탁하면 섬유의 질감이 살아난다.

샴푸가 자신에게 맞지 않다고 버리지 말고 세탁할 때 세제대용으로 사용하도록 한다.

러닝 셔츠와 흰 양말 희게 하기

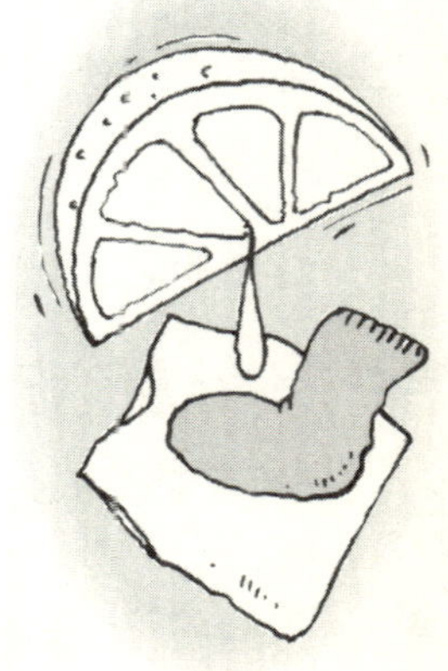
통 표백제를 넣어 빨래를 삶거나 표백제를 푼 물에 담가 두면 천이 상할 수 있다.

그러므로 흰 러닝 셔츠나 흰 양말을 하얗게 빨려면 귤껍질을 이용한다. 귤껍질을 물에 끓여 그 속에 담가 두었다가 헹구어 내면 된다.

또는 흰 양말은 레몬 두세 조각을 같이 넣고 삶아도 깨끗해진다.

가죽옷의 세탁

죽옷에 때가 끼면 중성 세제액을 헝겊에 묻혀 닦은 다
음 물을 꼭 짠 천으로 세제를 깨끗이 닦아 낸다.
그런 다음 옷걸이에 걸어서 그늘에서 말린다.

드레스 셔츠 때 빼기

드레스 셔츠를 자주 세탁하
다 보면 칼라 부분에 누
런 땟자국이 생기는데
이때는 솔로 문질러도 잘 없어지
지 않는다.

　이럴 때는 농축 세제를 발라
두었다가 세탁하면 깨끗해진다.
그래도 땟자국이 계속 남아 있으
면 다림질을 할 때 베이비 파우더
를 뿌리고 다리면 깨끗해지고 입을
때도 보송보송하다.

양복의 부분적인 클리닝

복이 부분적으로 더러워졌을 때는 벤젠이나 휘발유로
닦아 내고 다림질을 하면 깨끗해진다. 또는 가정용 드
라이 세제를 구입해서 집에서 옷을 클리닝해 보는 것
도 좋다.

가정에서 드라이 클리닝하기

 을 세탁소에 맡기면 비용이 만만찮다. 가정용 드라이 클리닝 세제를 구입해서 직접 해 보자.

드라이 클리닝 세제는 큰 슈퍼나 백화점 등에 가면 쉽게 구할 수 있다.

세탁 방법은 미지근한 물에 드라이 클리닝 원액을 희석시킨 후 옷을 잘 접어서 희석액에 담가 둔다.

그러나 더러움이나 얼룩이 심한 부분은 희석액에 담그기 전에 물에 적신 후 원액을 조금 솔에 묻혀 문지른 후 희석액에 담그도록 한다.

그런 다음 세탁물을 헹궈 둥글게 말아 짠다. 그리고 옷걸이에 걸어서 그늘에서 말리면 된다. 스웨터 등은 늘어날 수 있으므로 소쿠리에 펴서 말리도록 한다.

물의 양과 원액양, 세탁물을 담그는 시간은 사용 설명서를 잘 읽어 보고 사용한다.

그러나 수축이 심하거나 가죽, 스웨이드 제품은 사용하면 안 된다.

드라이 클리닝한 옷의 보관

 질이 까다로운 마와 모시류, 양모 등은 보통 드라이 클리닝을 한다. 보관을 할 때는 업소에서 씌워 온 비닐 커버를 벗겨 약품 냄새가 완전히 날라갈 때까지 통풍을 시킨 후에 옷 커버를 씌워 보관하면 된다.

스타킹을 오래 신으려면

타킹은 올이 잘 풀려 오래 못 신는다. 이런 점을 감안해서 평소에 스타킹을 자주 신는 사람은 같은 색을 구입해서 신는 것이 경제적이다. 한쪽 올이 나가도 다른 쪽과 같이 신을 수 있기 때문이다.

스타킹을 세탁한 다음 더운 물에 식초 몇 방울을 타서 헹궈 말리면 올이 쉽게 풀리지 않는다.

다림질이 필요 없는 옷의 탈수법

트론 같은 화학 섬유로 된 옷은 따로 다림질이 필요 없다. 그러나 세탁을 잘못하면 구김이 생겨 그냥 입을 수 없게 되는데 이럴 때는 탈수할 때 옷을 대강 개어 종이 말듯이 둘둘 말아서 탈수하면 주름이 생기지 않는다.

또는 보자기를 깔고 세탁한 옷을 개서 그 위에 놓고 다시 보자기를 덮어 조금 밟아 주면 구김이 펴진다.

얼룩 뺄 때 주의점

1. 얼룩을 뺄 때는 흐린 날이 좋다.
2. 얼룩이 지면 그 자리에서 바로 처리하는 것이 좋다.
3. 약물을 사용할 때는 눈에 띄지 않는 부분에 먼저 테스트해 본 다음 사용한다.
4. 약물을 사용한 후에는 옷에 남아 있는 약물을 두드리듯이 닦아 내는 것이 좋다.
5. 물수건 등으로 얼룩을 지울 때는 벅벅 문지르지 말고 두드리듯이 닦아 낸다.
6. 얼룩을 지울 때는 깨끗한 타월을 접어 얼룩이 진 부분에 대고 뒤집은 다음 안쪽에서 처리해야 얼룩이 수건으로 옮겨진다. 얼룩진 부분에 직접 처리하면 옷 안쪽까지 얼룩이 지게 되므로 주의한다.

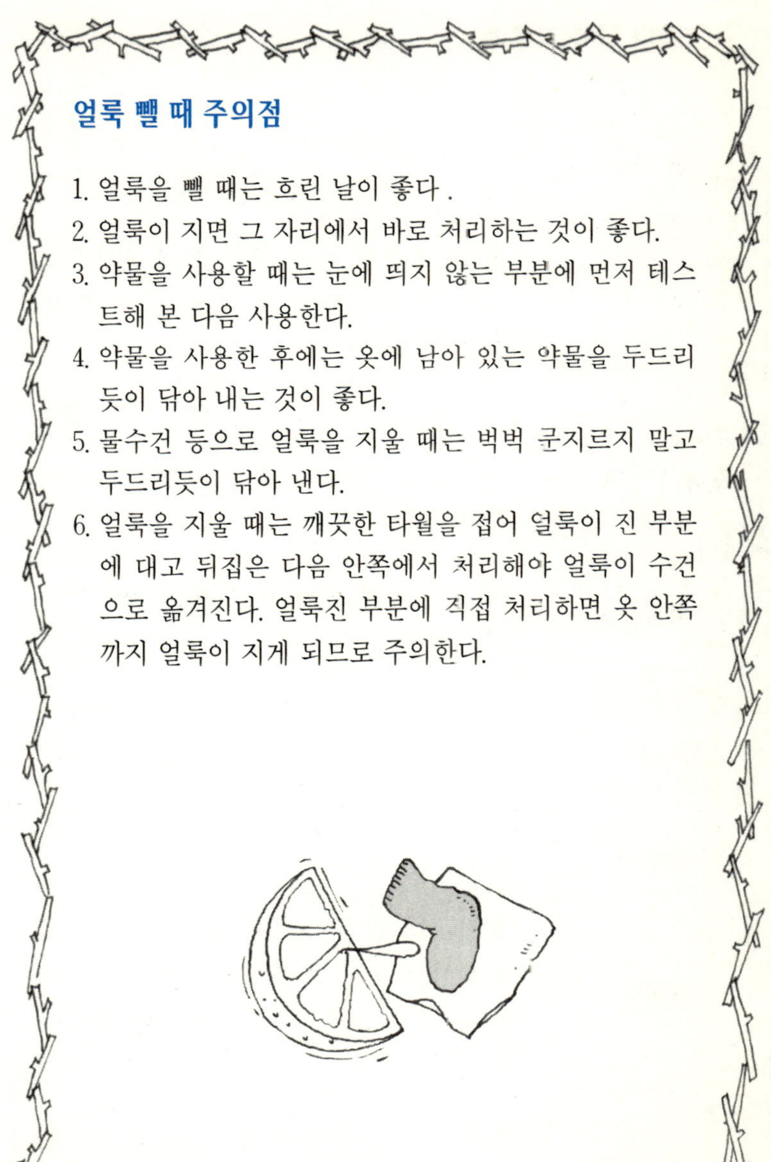

○ 그밖의 얼룩 지우기

버 터	비눗물로 세탁한 다음 기름기가 남아 있으면 벤젠으로 닦아 낸다.
케 첩	일단 케첩이 묻은 부분을 물수건으로 닦아 내고 식초로 한 번 더 닦아 낸 다음 세탁한다.
루 즈	알코올로 닦아 내고 비눗물로 세탁한다.
우유 · 아이스 크림	알코올로 닦아 낸 다음 비눗물로 세탁한다.
과일즙	식초를 천에 묻혀 닦아 내고 비눗물로 세탁한다.
매니큐어	아세톤으로 지운다. 그러나 아세테이트나 테트론 옷감에 묻었을 경우에는 신나로 지운다.
식용유	벤젠으로 닦아 내고 세탁한다.
페인트	휘발유나 신나로 닦아 낸다. 또는 가루 비누에 양파즙을 섞어서 페인트가 묻은 자국에다 바른 다음 비벼서 세탁하면 된다.
카 레	비눗물로 먼저 닦아 낸 다음 옥시풀로 두드리듯이 닦아 낸다.

먹　물	가루 비누에 밥을 이겨 섞어, 얼룩이 진 부분에 바른 다음 마르기 시작하면 비벼 세탁한다.
볼　펜	알코올에 적신 천으로 얼룩진 부분을 닦아 낸다. 또는 물파스를 바른 다음 비눗물로 세탁한다.
풀　물	알코올로 닦아 내고 세탁한다.
인　주	벤젠으로 닦아내고 암모니아로 씻어낸다. 특히 암모니아가 남아 있지 않도록 물로 세탁한다.
피	무즙으로 문지른 다음 미지근한 비눗물로 세탁한다.
매　직	미지근한 물에 주방용 세제를 조금 풀어서 씻어낸다. 아니면 휘발유로 닦아 낸다.
김칫국물	김칫국물이 묻으면 건저 물에 담가서 국물을 뺀다. 그런 다음 양파즙을 김치 국물이 묻은 자리 앞뒤로 골고루 바른 다음 옷을 반나절 동안 그냥 둔다. 그리고 나서 세탁하면 깨끗해진다.
잉　크	잉크의 얼룩에는 수산을 묻혀 두었다가 물수건으로 닦아 낸다.

커피 · 홍차	커피나 홍차가 옷에 묻으면 바로 화장지에 더운 물을 적셔서 얼룩이 묻은 곳에 대고 살짝 눌러 준다. 그래도 얼룩이 남아 있으면 당분이 없는 탄산수를 적신 가제로 두드리듯이 닦아 내고 더운 물로 깨끗이 세탁하면 된다.
주스 · 콜라	가제를 엷은 소금물에 적셔 두드리듯이 닦아 내고 얼룩이 오래 되었을 때는 글리세린으로 닦아 낸다.
크레파스	흰 종이를 크레파스가 묻은 자리에 대고 그 위를 다림질한다. 그러면 기름 성분이 종이로 옮겨 가게 되는데 기름 성분이 빠지면 비눗물로 씻어 낸다.
녹 물	녹물이 든 자리에 물을 흠뻑 묻혀 적신 다음 익은 탱자물을 묻히고 비빈다. 한 번에 빠지지 않으면 여러 차례 되풀이해서 비빈 다음 햇볕에 쬐었다가 비누로 세탁하면 깨끗해진다.

옷에 묻은 껌 떼기

옷에 묻은 껌은 얼음 조각을 헝겊에 싸서 껌이 묻은 부분에 대고 있다가 껌이 굳어지면 떼어낸다. 이러면 대부분의 껌은 떨어진다.

그러나 오래되어 잘 안 떨어지는 껌은 휘발유를 묻힌 다음 손으로 비비면 깨끗이 떨어진다.

가죽 제품 해어진 곳 손질하기

 부분의 가죽 제품은 타닌으로 이루어져 있다. 바나나 껍질이 타닌으로 이루어져 있으므로 의류나 핸드백, 구두 등 갈색과 흑색으로 된 가죽은 바나나 껍질을 가죽이 해어진 곳에 문지르면 좋다.

평소에도 바나나 껍질의 미끈한 부분으로 자주 가죽을 문질러 주면 깨끗해진다.

모피의 손질법

 비싼 모피는 항상 손질을 잘 해주는 것이 좋다. 더군다나 세탁비가 비싸 자주 세탁소에 맡길 수도 없으므로 미리 손질법을 익혀 두자.

1. 외출 후에는 모피의 먼지를 꼭 털어 준다.
2. 비에 젖었을 때 그냥 두면 탈모의 원인이 될 수 있으므로 마른 수건으로 물기를 닦아 준 다음 그늘에서 건조시킨다.
3. 모피가 더러워졌을 때는 벤젠이나

알코올을 가제에 적셔서 털의 결대로 닦아 내고 바람이 잘
통하는 곳에 걸어 둔다.

주름을 잘 잡는 법

 지나 치마의 길이가 짧아서 단을 낸 경우에는 다림
질을 해도 기존의 단 주름이 잘 없어지지 않는다. 이
럴 때는 식초를 한두 방울 떨어뜨려서 증기 다림질
을 하면 된다. 주름을 세울 때도 같은 방법을 써 보자.

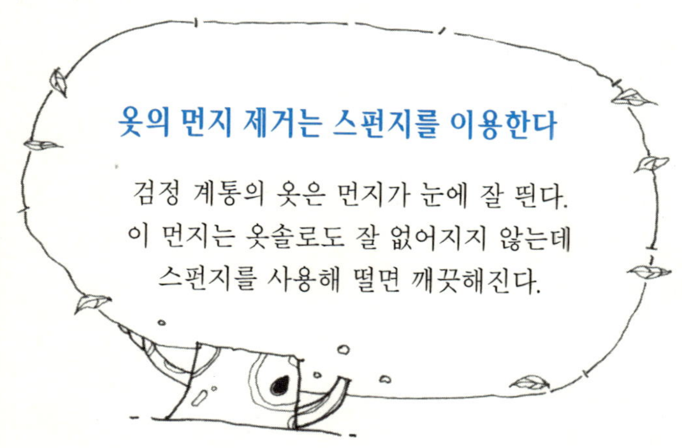

스웨터의 단추 달 때

 웨터에 단추를 달 때는 털실의 특성상 실을 매듭지어
도 잘 빠진다. 이럴 때는 시작할 때와 마지막 끝맺음
할 때 실을 여유 있게 남겨서 서로 묶어 주면 단추가
잘 떨어지지 않는다.

비로드 옷의 털이 누웠을 때

로드 옷은 감촉은 좋지만 털이 누워 있으면 보기가
안 좋다.
뜨거운 물을 욕탕에 받아 김이 무럭무럭 나면 털이
누운 부분 안쪽에서 김을 쐬어 털을 비로 세우면서 손질하면 된
다.

오래 보관할 옷은

을 서랍에 보관할 때는 자주 입는 옷은 아래칸에 두
고 오래 보관할 옷은 위쪽 서랍에 넣어 두는 것이 좋
다.
아래칸은 습기가 차기 쉬워 자주 서랍을 열고 닫는 것이 좋기
때문이다. 서랍 바닥에 신문지를 깔고 옷을 넣은 다음 신문지를
덮어 두면 방충 효과가 있다.

옷깃은 세워서 보관한다

복이나 재킷 등 상의를 오래
보관하면 옷깃의 색이 바래거
나 상하는 걸 볼 수 있다.
장롱 속에 있어도 먼지는 있기 마련이
다. 이 먼지가 계속 쌓여 때가 되고 색까
지 변하게 된다. 그러므로 양복이나 재킷
등 상의는 옷걸이에 걸어 옷깃을 세워 보관

하는 것이 좋다.

니트 손질법

니트류는 잘못 세탁하면 보푸라기가 생기기 쉬우므로 손질에 세심한 주의가 필요하다. 특히 울 소재 니트는 울 전용 샴푸를 미지근한 물에 푼 뒤 니트를 푹 담그고 손으로 주물러 때를 뺀다.

짤 때도 비틀어 짜지 말고 수건으로 꼭꼭 눌러 물기를 제거한 뒤 그늘에서 소쿠리에 널어 말린다.

방충제는 한 종류만 쓴다

성질이 다른 방충제를 같이 쓰면 서로 화학 변화를 일으킨다. 그러면 얼룩이 생길 수 있으므로 방충제는 한 종류만 쓰는 것이 좋다.

또 방충제를 넣어 오래 보관한 옷을 꺼내서 입으면 방충제 냄새가 심하게 날 수 있다. 이 경우 탈취제를 하루 정도 옷장 속에 넣어 두면 냄새가 사라진다. 요즘은 냄새가 나지 않는 방충제도 있으므로 적절히 이용한다.

향기를 나게 하는 다림질 법

 을 입을 때 기분 좋은 향기가 나면 하루가 즐거울 것 같다. 작은 지혜로 가족의 기분을 상쾌하게 바꿔 보자. 먼저 분무기에 물을 담고 향수 몇 방울을 떨어뜨린다.

그런 다음 그 분무기의 물을 옷에 뿌리고 다림질을 하면 옷에서 향기가 오래 난다.

다리미 바닥이 눌었을 때

 을 다리다 보면 다리미 바닥이 잘 눌어 붙는다. 화학섬유가 눌어 붙었을 때는 신문지에 굵은 소금을 깔고 조금 달군 다리미 바닥을 그 소금에 긁어대면 깨끗해진다. 그밖의 이 물질이 묻었을 때는 솜에 아세톤을 묻혀 닦아 내면 된다.

흰 옷을 다리다 눌었을 때

 을 다릴 때는 분무기로 물을 충분히 적셔 주는 것이 좋다. 그래야만 옷이 잘 눌어 붙지 않는다. 그리고 옷의 소재에 따라 다리미의 온도도 잘 맞춰 준다.

흰 옷이 눌어 붙었을 때는 더운 물에 과산화수소를 30% 정도의 비율로 탄다. 그 물로 눌은 부위를 여러 번 닦아 낸 다음 맑은 물에 헹구면 된다.

옷을 표백할 때는 먼저 표백할 옷을 깨끗이 세탁한 다음에 해야 한다. 그리고 표백제의 양이 많아지면 천이 약해지므로 물과 표백제의 비율은 20 대 1 정도가 적당하다. 무엇보다도 주의할 점은 표백시 옷이 물 위로 떠오를 수 있는데 이렇게 떠오르는 부분은 옷감이 삭을 수 있으므로 천을 꼭 눌러 주어야 한다. 견이나 모직을 표백할 때는 과산화수소를 이용한다.

베이지 색으로 염색하기

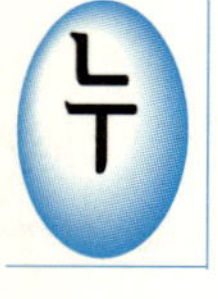 렇게 변한 스웨터나 티셔츠는 홍차로 염색해 보자. 홍차 찌꺼기를 넣고 물을 끓이다가 옷을 넣은 다음 10분 정도 더 삶으면 산뜻한 베이지 색으로 염색이 된다.

이때 주의할 점은 염색이 잘 되도록 잘 휘저어 주고 물도 넉넉하게 잡아야 한다는 것이다. 그런 다음 잘 헹구어 준다.

아이옷이 작아서 단을 낼 때

이옷이 작아서 소매나 치마단 등을 내면 그 자국이 남아 있어서 보기에 안 좋다. 또 어떤 옷은 가장자리가 해어져 있기도 하다. 이럴 때는 접혔던 곳에 레이스나 리본끈을 미싱으로 박아 준다. 그러면 옷이 새롭게 바뀌게 된다.

아이 두건 만들기

으로 된 예쁜 천이 있을 경우 삼각형으로 잘라 끝을 박아 주기만 하면 두건이 된다. 아니면 원단 시장에서 천을 구입해 스카프도 만들어 보자. 원단 시장에 가면 장식술 같은 것도 판매하고 있다.

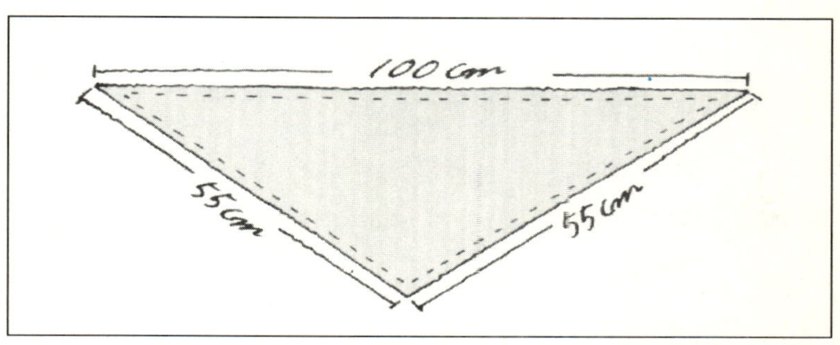

싫증난 옷은 고쳐 입는다

을 입다가 싫증이 나면 장롱 속에 넣어 두고 입지 않게 된다. 때로는 버리기도 하는데 조금만 고쳐 주면 다시 새 옷처럼 입을 수 있다.

1. 우선 단추를 바꿔 보자.

2. 구슬을 군데군데 달아 보자.

3. 수를 놓아 보자.

4. 브로치를 하나 달아 보자. 그러면 옷의 분위기가 달라진다.

그래도 유행이 지나 버려 입기가 곤란하면 직접 옷을 수선하거나 옷수선집에 맡겨 보자. 수선집에 맡길 때는 솜씨가 좋은 집에 맡기는 것이 좋다. 바느질 솜씨를 잘 알지 못할 때는 작은 옷을 맡긴 후에 솜씨를 보고 좋은 옷을 맡기는 것이 좋다.

그러나 무엇보다도 옷의 상태를 정확히 파악해야 한다. 잘못 하다가는 옷의 가격보다 수선비가 더 들 수도 있다. 그러므로 옷 상태를 정확히 파악한 후에 수선할 것인지 아닌지를 결정해야 한다. 수선집에 맡길 때도 가격이 얼마인지 알아 본 후에 맡기는 것이 좋다.

신축성 있는 옷을 박을 때

요즘은 재봉틀을 사용하는 주부가 다시 늘고 있다. 재봉틀을 사용할 줄 알면 커튼이나 쿠션 등을 직접 만들 수 있어서 경제적이고 집안도 한결 자기 취향대로 꾸밀 수 있어 분위기가 살아난다.

신축성 있는 옷을 재봉틀로 박을 때는 옷이 늘어나서 치수가 잘 맞지 않는다. 이럴 때는 넓은 스카치 테이프를 옷 안쪽에 붙이고 박으면 된다. 이때 주의점은 옷을 늘이지 말고 그대로 두고 붙여야 치수가 맞는다는 것이다. 박음질이 끝나면 테이프를 떼어내면 된다.

속옷 바르게 착용하기

옷은 몸매를 바로 잡아준다. 그러므로 몸매가 흐트러지기 쉬운 사춘기 때나 30세 이후에는 거들 등을 바르게 착용하는 것이 좋다. 그러면 배와 허리, 허벅지의 선을 균형 있게 잡아준다.

속옷은 자신에게 맞는 정확한 사이즈를 바로 입는 것이 효과적이다.

브래지어 치수 측정법

1. 등을 쭉 펴고 자연스러운 자세에서 가슴 둘레를 잰다.
2. 밑가슴 둘레를 잰다.
3. 밑가슴 둘레가 호칭이 되고 가슴 둘레에서 밑가슴 둘레를 뺀 그 차이가 컵 사이즈이다.

컵 사이즈 표

컵 사이즈	밑가슴 둘레와 가슴 둘레의 차이
AA컵	5 cm 내외
A컵	7.5 cm 내외
B컵	10 cm 내외
C컵	12.5 cm 내외
D컵	15 cm 내외

※ 브래지어 호칭은 65, 70, 75, 80……으로 표시되어 있다.

올바른 브래지어 착용법

어깨선은 브래지어 밴드와 직각을 이루도록 하는 것이 지탱하는 힘이 커진다.

1. 가슴이 큰 경우 — 완전히 가슴을 감싸 주는 와이어 형이 좋다.
2. 가슴이 퍼진 경우 — 겨드랑이 쪽이 넓고 심이 들어 있는 것이 좋다.
3. 가슴이 작은 경우 — 안쪽으로 모아 주는 4분의 3컵 브래지어를 사용한다.

◯ 일반 기성복 사이즈 표

일반 사이즈	신장(㎝)	가슴둘레(㎝)	허리둘레(㎝)	엉덩이 둘레(㎝)
44	150~155	77	58	87
44~45	150~155	80	61	89
55	155~160	83	64	91
55~66	160~165	86	67	93
66	165~170	89	71	95
66~77	165~170	92	75	97
XS	150~160	72~80	58~64	82~90
S	150~160	79~87	64~70	87~95
M	160~170	86~94	69~77	92~100
L	160~170	93~101	77~85	97~105

● 올바른 무스탕 선택법

　　요즘은 무스탕을 세일한다는 광고가 많이 나온다. 무스탕은 보온성이 뛰어나 겨울옷으로 각광을 받고 있는데 값이 비싸니 꼼꼼히 따져 보고 구입하도록 한다.

　　무스탕은 양으로 만드는데 어디양 가죽으로 만든 제품은 손으로 표면을 움켜잡으면 가죽이 두툼하게 느껴진다. 그리고 제품 안의 털도 촘촘하게 박혀 있어 보온성도 좋다. 그러나 새끼양 가죽으로 만든 것보다 무겁다. 옷 표면을 손으로 쓸어 보면 잔털이 눕는 방향이 눈에 크게 띄지 않는다.

　　새끼양 가죽으로 만든 것은 만져 보면 가죽이 얇고 촉감이 아주 부드럽다. 그러나 얇아서 구김이 잘 가고 세탁 후 옷 모양이 변할 수 있다.

　　무엇보다 돼지가죽으로 만든 제품이 무스탕으로 둔갑한 것은 아닌지 잘 구별해 내야 한다. 돼지가죽과 양가죽으로 만든 제품은 차이가 있다.

　　돼지가죽은 가죽 전면에 작은 털구멍들이 고루 분포되어 있다. 손으로 옷 표면을 쓸어 보면 기는 털이 거의 없어 털이 눕는 자국이 안 생기고 거칠면서 뻣뻣하다. 눈에 띄는 큰 모공을 코팅 처리 등으로 무스탕과 구별이 안 되게 할 경우도 있지만 뻣뻣하기는 마찬가지다. 돼지가죽은 털과 가죽이 따로 떨어져 있고 털은 인조털 등을 붙인다.

　그러므로 무스탕을 구입할 때는 털과 가죽이 따로 떨어지지 않는 것을 고른다. 소재의 표시도 잘 살펴봐야 한다.

2

음식의 조리와 방법

2. 음식의 조리와 방법

볶은 고추장 만들기

고추장 두 컵, 쇠고기 250g, 잣과 갖은 양념을 준비한다. 바닥이 두꺼운 팬에 고추장을 담고 은근한 불에서 주걱으로 저어 가며 충분히 볶는다. 쇠고기는 곱게 다져 간장, 깨소금 각각 한 큰술, 다진 파, 다늘, 설탕, 참기름 각각 두 작은술, 생강즙 반 큰술, 후추 등 양념을 넣어 버무린다.

고추장에 설탕, 쇠고기, 참기름을 차례로 넣어 빛깔이 검붉게 될 때까지 볶는다. 상에 낼 때는 잣을 얹어 낸다.

고추장에 쇠고기를 넣어 볶으면 염분을 쇠고기가 빨아들여 짜지 않게 된다.

맛있는 장 담그기

**재료 – 메주 7.2kg, 소금물 20ℓ , 숯, 대추, 고추, 참
깨 조금씩, 항아리, 흰 보자기**

〈만드는 법〉

1. 메주는 가장자리가 노르스름하면서 가운데는 거무스
름한 것이 잘 뜬 것이다. 가운데를 눌러 보아서 쉽게
들어가는 것은 좋지 않다. 무엇보다 장 담글 때는 정성
과 물, 공기, 염도 등이 맛을 좌우한다.

2. 메주는 곰팡이를 솔로 문질러 씻어내고 깨끗한 물에
헹군다. 그리고 2~4등분 해서 햇볕에 잘 말린다.

3. 소금물은 염도가 18°가 되도록 하고 3일간 가라앉힌
다.

4. 항아리에 메주를 넣고 소금물을 20ℓ 정도 윗물만 따라
내 붓는다.

5. 숯, 말린 고추, 대추, 참깨를 서너 개씩 띄운 후 흰 보자
기로 항아리 입을 막고 양지 바른 곳에 놓는다.

6. 4일 후부터는 뚜껑을 자주 열어 햇볕을 보인다.

7. 50~90일 후 메주가 우러나온 물을 따라내어 끓여 식
히면 조선 간장이 된다.

8. 남은 메주는 잘 으깨서 웃소금을 얹어 70일쯤 익히면
된장이 된다.

장 담글 때 염도는 18°가 적당하다

날에는 장을 담그는 날도 신중히 정했는데 음력으로 정월 말에 담가야 장맛이 좋다고 한다.

무엇보다 장은 소금물의 염도를 잘 맞춰야 한다. 소금물의 염도는 18°가 적당하다.

염도는 시판되고 있는 염도계를 구허 사용하면 쉽게 알 수 있다. 또 하나 방법은 날계란을 띄워 놓아 윗면이 동전 크기만 하게 떠오를 정도면 알맞은 염도이다.

오이지 담그는 요령

이를 소금으로 문질러 씻은 다음 쌀뜨물에 먼저 담갔다가 만든다.

오이 50개에 소금 한 컵이 필요하다.

오이를 항아리에 담고 소금물을 끓여 완전히 식으면 항아리에 붓는다.

헌 소쿠리를 엎고 돌로 눌러 둔다. 일주일이 지나면 한 번 더 국물을 따라내어 팔팔 끓인 후 완전히 식혀 다시 붓고 소쿠리를 엎고 돌로 눌러 준다.

맛있는 새우 손질법

우는 소금과 청주를 조금 뿌려 조리하면 새우 특유의 냄새가 나지 않아 맛있게 요리할 수 있다.

새우를 삶거나 데칠 경우 팔팔 끓는 물에 레몬즙이나

식초 몇 방울을 떨어뜨리면 산뜻한 맛을 낼 수 있다.

생선을 맛있게 졸이는 법

 선을 졸일 때는 맹물에 설탕이나 소금을 넣고 끓이다가 나중에 간장을 넣어야 맛있게 요리된다.

그리고 5분 정도 졸이다가 생강을 넣으면 비린내도 나지 않는다. 간장과 생강을 같이 넣는 것보다는 생강을 나중에 넣는 것이 비린내 제거에 효과적이다.

국물의 양은 생선이 완전히 잠기지 않을 정도로 붓고 뚜껑은 반드시 닫고 졸여야 생선맛을 제대로 낼 수 있다.

생선 자반이 짤 때

반이 너무 짜면 보통 물에 담갔다가 요리한다. 그러나 이보다는 생선에 술을 조금 붓고 5분쯤 두었다가 구우면 짠맛도 덜하고 맛도 좋아진다.

닭고기 냄새 제거

고기를 담은 그릇에 술을 뿌려 15분 정도 두면 닭고기 특유의 냄새가 제거된다.

그러나 닭 냄새가 강할 때에는 술에 무즙을 섞어 뿌리면 냄새가 전혀 나지 않는다.

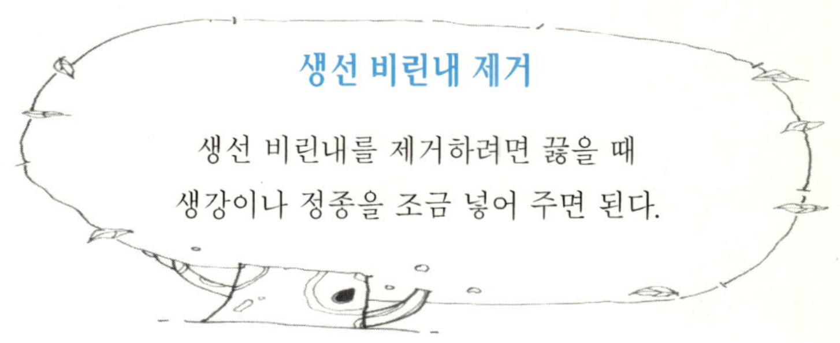

양배추 냄새 제거

거나 데치면 양배추 속에 있는 유황 화합물이 분해되어 냄새가 난다. 이 냄새는 식초를 조금 넣어 데치면 제거된다.

시금치 풋내 제거

금치를 데칠 때는 더운 물 다섯 컵에 설탕을 한 숟갈 정도의 비율로 섞어 데치면 설탕이 시금치에 있는 수산을 중화시켜 풋내를 없애 주고 맛도 한결 좋아진다.

도라지의 쓴맛 제거

라지를 그냥 요리하면 쓴 맛이 나서 먹지 못한다. 그러므로 따뜻한 소금물로 타락바락 주물러서 씻은 다음 무쳐야 쓴 맛이 나지 않는다.

당근·사과 주스

당근 한 개, 사과 한 개를 깨끗이 씻어 강판에 갈아 그 즙을 먹는다. 벌꿀을 가미해서 매일 아침 한 잔씩 먹으면 온몸이 따뜻해지고 기운이 솟는다.

사과·양파 주스

사과 한 개, 양파 1/4, 양배추 약간을 갈아서 소금이나 식초로 간을 한 다음 아침에 일어나자마자 마시면 불로초가 따로 없다.

눈의 피로에 먹는 주스

사과 반쪽, 당근 한 개, 레몬 반쪽을 갈아서 꿀을 조금 섞어 마시면 좋다.

당근 수프

당근, 감자, 양파를 잘게 썰어 수프를 만들어 먹으면 만성 피로에 효과적이다.

당근·시금치 수프

당근, 시금치, 연뿌리를 섞어 만든 수프는 빈혈, 저혈압, 냉증에 좋다

황도 셔벗

재료 - 황도(통조림) 네 조각, 물 두 컵, 설탕 1/2컵

〈만드는 법〉

1. 물 두 컵에 설탕을 1/2컵 넣고 끓여 걸쭉하게 시럽을 만

든 다음 식힌다.
2. 황도를 으깨 설탕 시럽에 섞은 다음 믹서기에 간다.
3. 2번을 냉동실에서 너무 얼지 않도록 가끔 저어 가면서
   얼린다.
4. 숟가락으로 떠서 유리 그릇에 담아 낸다.

여름에는 샤베트를
여름철에는 아이와 함께 샤베트를 만들어 보자.
재료 - 샤베트 가루(멜론, 오렌지, 딸기 가루) 각각 한 봉지 ,
       오렌지, 딸기
〈만드는 법〉

1. 멜론 샤베트 멜론 샤베트 가루를 물에 녹여 얼음틀에 부
어 냉동시킨다.

2. 딸기 샤베트 딸기를 깨끗이 씻은 후 얼음틀에 하나씩 넣
은 다음 꽂이를 꽂고 딸기 샤베트 가루를 물에 녹여 틀에
부어 냉동시킨다.

3. 오렌지 샤베트 오렌지는 껍질을 벗겨 적당한 크기로 자
른 후 얼음틀에 하나씩 넣고 꽂이를 꽂는다. 오렌지 샤베트
가루를 물에 녹여 틀에 부은 다음 냉동시킨다.

과일 펀치
재료 - 사과 한 개, 키위 한 개, 딸기 다섯 개, 황도(통조림)
       네 조각, 레몬 한 개, 설탕 시럽, 사이다 세 컵

〈만드는 법〉

1. 사과는 껍질을 벗기고 씨를 제거한 다음 네 등분하여 납
   작하게 썬다.
2. 키위는 껍질을 벗기고 반으로
   잘라 납작하게 썬다.
3. 딸기는 꼭지를 떼고 묽은
   소금물로 씻어 납작하게
   썬다.
4. 황도는 사과와 같은 크기
   로 썰고 레몬은 둥글게 썬다.
5. 오목한 그릇에 1~4번까지의 과
   일을 넣고 설탕을 뿌려 냉장고에 차게 재어 둔다.
6. 설탕 시럽과 사이다를 5번에 붓는다.

※ 사이다 대신 물을 끓인 후 차게 식혀 사용해도 된다.

샐러드

재료 - 오이 1/2개, 샐러리 1/2대, 양상추 세 잎, 방울 토마
       토

〈만드는 법〉

1. 드레싱은 식초 한 큰술, 식물성 기름 두 큰술, 양파즙 한
   큰술, 파슬리 다진 것, 소금, 후춧가루 약간을 넣어 만든다.
2. 양상추는 물에 담갔다가 싱싱해지면 적당한 크기로 손
   으로 뜯는다.
3. 오이는 반달썰기하고 샐러리는 껍질을 벗겨 어슷 썬다.

4. 그릇에 손질한 야채와 방울 토마토를 담고 한 번 드레싱
   을 뿌린다.

플레인 요구르트 샐러드
재료 - 양상추 3잎, 딸기 10개, 키위 2개, 사과 1개, 방울 토
        마토 10개, 플레인 요구르트 1/2컵
〈만드는 법〉
1. 양상추는 씻어 냉수에 담그고 싱싱해지면 건져서 손으
   로 뜯어 놓는다.
2. 딸기, 방울 토마토는 깨끗이 씻은 후 물기를 빼고 꼭지를
   떼어 낸다.
3. 키위, 사과는 껍질을 벗겨 적당히 자른다.
4. 1, 2, 3을 색깔대로 예쁘게 담은 후 플레인 요구르트를 뿌
   린다.

사과 요구르트 드레싱
재료 - 사과 한 개, 요구르트 4큰술
〈만드는 법〉
사과를 강판에 갈아서 즙을 낸 후 요구르트를 섞어 드레싱
을 만든다. 이때 주의할 것은 사과는 색이 쉽게 변하므로
먹기 바로 전에 준비한다.

탕평채
재료 - 청포 한 모, 쇠고기 100g, 오이 1개, 당근 1/2개, 달걀

한 개, 초간장, 갖은양념

〈만드는 법〉

1. 초간장은 간장 두 큰술, 식초
   한 큰술, 설탕 한 큰술, 참기
   름 한찻술을 넣어서 만든다.
2. 청포는 가늘게 채 썰어 끓
   는 물에 살짝 데친 후 건져
   서 소금, 참기름으로 양념한
   다.

3. 쇠고기는 채 썰어 간장 두 찻술, 설
   탕 한 찻술, 청주 한 큰술, 다진 마늘 약간, 다진 파 약간,
   깨소금, 참기름으로 양념한다.
4. 오이는 돌려 깎은 다음 채 썰어 소금에 살짝 절였다가
   물기를 짠다. 당근도 가늘게 채 썰고 달걀은 노른자, 흰
   자를 구분하여 지단을 부쳐 채 썬다.
5. 팬에 식용유를 두르고 오이, 당근, 쇠고기 순으로 볶는다.
6. 접시 한가운데는 청포를 담고 가장자리에 준비한 재료
   를 돌려 가며 담는다. 초간장은 먹기 전에 넣어 버무린
   다.

곤약 스파게티

재료 - 곤약 800g, 쇠고기 100g, 양파 큰 것 한 개, 샐러리
       두 줄기, 월계수 두 잎, 케첩 1/2컵, 육수 두 컵, 소
       금, 후추, 버터

〈만드는 법〉

1. 곤약은 가늘게 채 썰어 끓는 물에 삶은 후 건져서 물기를 뺀다.
2. 프라이팬에 버터를 두른 후 곤약을 넣고 소금, 후추를 넣어 볶아 놓는다.
3. 양파, 쇠고기, 샐러리는 곱게 다진다.
4. 프라이팬에 양파를 먼저 넣고 볶다가 고기, 샐러리를 넣는다. 그런 다음 케첩을 넣어 볶다가 육수, 월계수잎을 넣고 걸쭉해지면 소금, 후추로 간을 한다.
5. 접시에 볶은 곤약을 담고 4를 얹는다.

오징어 불고기

재료 - 오징어 한 마리, 갖은 양념

〈만드는 법〉

1. 양념장은 고춧가루, 진간장, 설탕 각각 1/2큰술, 식물성 기름 한 큰술, 다진 파 약간, 다진 마늘 한 작은술, 깨소금 1/2작은술, 후춧가루 약간을 넣어 만든다.
2. 오징어는 내장을 빼고 껍질을 벗겨 씻은 후 가로세로로 엇갈리게 칼집을 넣는다.
3. 2번에 1번 양념장을 고루 발라 석쇠나 구이팬에 굽는다.

오징어 장조림

재료 - 물오징어 세 마리, 통마늘 한 통, 간장 1/2컵, 설탕
　　　두 큰술

〈만드는 법〉

1. 오징어는 배를 가르지 말고 다리만 잘라내고 내장을 꺼
　 낸 후 껍질을 벗긴다.
2. 깨끗이 씻은 오징어 몸통 안에 다리를 넣고 이쑤시개로
　 입구를 꿰매 둔다.
3. 냄비에 오징어, 통마늘, 간장, 설탕을 넣고 물이 찰랑찰랑
　 잠길 만큼 붓는다.
4. 센불에서 10분쯤 끓인 뒤 불을 줄여 40분쯤 졸인다.
5. 썰어서 그릇에 담아낸다.

낙지 볶음

재료 - 낙지 한 마리, 양파 1/2개, 당근 1/2개, 피망 한 개,
　　　붉은 고추 두 개, 대파 한 대, 식물성 기름, 갖은 양
　　　념

〈만드는 법〉

1. 양념장은 고춧가루 두 큰술, 고추장 1/2큰술, 진간장 한
　 큰술, 설탕 1/2큰술, 다진 파 두 큰술, 다진 마늘 한 큰술,
　 깨소금, 참기름 두 작은술을 넣어 만들어 놓는다.
2. 낙지는 내장을 빼고 굵은 소금으로 바락바락 주물러서
　 씻어 헹군 다음 데친 후 7cm 정도 길이로 썬다.
3. 당근은 껍질을 벗기고 반으로 잘라 반달 모양으로 납작

하게 썬다.
4. 피망도 속을 털어 내고 당근 크기
   로 썬다.
5. 붉은 고추와 파는 어슷썰기한
   다. 이때 고추는 씨를 털어낸다.
6. 양파는 도톰하게 썬다.
7. 팬에 기름을 두르고 양파, 당근,
   붉은 고추를 볶아 어느 정도 익으면
   데친 낙지와 피망, 파, 양념장을 넣어 볶는다.
8. 소금과 후춧가루로 간을 한다.
   주의할 점은 낙지는 오래 익히면 질겨지므로 재빨리 볶
   아야 한다.

굴무밥(2인분)
재료 - 무 100g, 쌀 한 컵, 굴150g, 믈 1/2컵, 청·홍 고추 한
       개씩, 달래, 갖은 양념
〈만드는 법〉
1. 굴은 소금물에 잘 씻고 무는 껍질을 벗겨 잘게 채 썬다.
2. 냄비에 기름을 두르고 무를 넣고 볶다가 굴을 넣어 한
   번 더 볶는다. 간장이나 소금, 후춧가루로 간을 한다.
3. 2번에 불린 쌀을 넣고 물을 부어 밥을 짓는다.
4. 양념장은 청·홍 고추 한 개, 간장 세 큰술, 설탕 한 작은
   술, 깨소금 한 큰술, 참기름 두 큰술을 넣어 만든다. 여기
   에 달래를 송송 썰어 넣으면 더욱 맛있다.

5. 밥이 다 되면 양념장을 넣고 비벼 먹는다.

모듬 야채 김밥

재료 - 당근 1/2개, 오이 한 개, 계란 두 개, 단무지 1/2개,
　　　 게맛살 다섯 개, 베이컨, 김 열 장, 밥

〈만드는 법〉

1. 오이는 2등분 하여 채 썰어 소금에 절인다.

2. 계란은 지단을 부쳐 5cm 길이로 채 썬다.

3. 게맛살, 단무지도 5cm 길이로 채 썬다.

4. 베이컨은 프라이팬에 볶은 후 5cm 길이로 채 썬다.

5. 당근도 5cm 길이로 채 썰어 볶아 낸다.

6. 오이는 물을 꼭 짜 낸다.

7. 김은 4등분 하고 1~6의 재료를 큰 접시에 돌려 가며 담
　 는다.

8. 양념장은 간장 세 큰술, 마늘 한 작은술, 식초 한 큰술,
　 설탕 1/2큰술, 참기름 한 작은술, 겨자 약간을 넣어 만든
　 다.

9. 김에 밥을 1/3정도 얹고 준비한 야채를 하나씩 올려 말
　 아서 양념장에 찍어 먹는다.

맛있는 초밥 만들기(5인분)

재료 - 쌀 세 컵, 다시마 10cm 길이, 설탕, 소금, 식초 약간
　　　 씩

〈만드는 법〉

1. 냄비에 불린 쌀과 다시마 국물을 1:1로 넣고 밥을 고슬
   고슬하게 짓는다.
2. 식초 네 큰술, 설탕 두 큰술, 소금 한 찻술을 함께 넣어
   끓여서 초밥용 물을 만든다.
3. 밥이 다 되면 식히면서 위의 초밥용 물을 부어 섞는다.

즉석말이 초밥

재료 - 밥 세 공기, 김 열 장, 깻잎 열 장, 무순 20g , 무 1/2
        개, 오이 한 개, 깨소금 세 큰술, 햄 서너 장

〈만드는 법〉

1. 김은 살짝 구워 6등분 한다.
2. 깻잎, 햄, 무, 오이는 가늘게 채 썬다.
3. 김에다 1/3정도의 초밥을 얹고 햄, 야채, 깻잎, 무순을 놓
   은 뒤 깨소금을 조금 뿌려 손으로 말아 겨자장에 찍어
   먹는다.
4. 햄 대신 불고기를 넣어 김에 싸 먹어도 맛있다.

녹두전

재료 - 녹두 750g, 돼지 살코기 100g, 숙주 두 근, 고사리 반
        근, 양파 두 개, 달걀 두 개, 부침가루, 홍고추, 쪽파,
        마늘ㆍ소금 약간

〈만드는 법〉

1. 껍질을 깐 녹두를 미지근한 물에 두 시간 동안 불린다.
2. 불린 녹두를 씻어서 까칠까칠한 느낌이 들 정도로 믹서

기에 갈아 낸다.

3. 숙주와 고사리는 깨끗이 씻어서 0.5cm로 썬 후 소금을
약간 뿌려 살짝 데쳐 낸다.

4. 양파와 홍고추, 쪽파는 곱게 다지고 돼지고기는 잘게 썰
어서 갖은 양념을 한다.

5. 2~4번 재료를 섞은 후 달걀 두 개, 소금, 마늘, 부침가루
한 큰술 정도를 함께 넣어 섞는다.

6. 혼합된 재료를 한 스푼씩 떠서 은근히 달군 프라이팬에
알맞은 크기로 부친다.

7. 그 위에 곱게 다진 홍고추, 쪽파를 고명으로 얹어 함께
부쳐 낸다.

콩나물 찜

재료 - 콩나물 80g, 부추 20g, 찹쌀가루 두 큰술, 다진 마늘
1/2작은술, 다시마 국물 1/2컵, 고춧가루 둘 작은술,
간장 한 큰술, 소금, 후추 약간

〈만드는 법〉

1. 콩나물을 머리와 꼬리를 떼어 내고 씻은 후 프라이팬에
볶다가 뚜껑을 잠시 덮어 둔다.

2. 다시마 국물에 찹쌀가루를 풀고, 고춧가루, 간장, 다진 마
늘, 소금, 후추를 넣어 잘 섞는다.

3. 1의 콩나물이 익으면 2를 부어 섞은 후 중불에서 찹쌀국
물을 잘 버무린다. 그리고 부추를 5cm 길이로 썰어 얹고
바로 불을 끈다.

당근은 참기름으로 요리한다

 당무에는 카로틴이라는 물질이 많이 들어 있는데 이 카로틴이 우리 몸 속에 들어가 비타민 A로 변한다. 그리고 당근은 비타민 E가 많이 들어 있는 식품과 같이 먹는 것이 좋다.

또 당근의 주성분인 카로틴은 날로 먹으면 잘 흡수되지 않지만 참기름으로 요리해 익혀 먹으면 흡수율이 높아진다.

적은 양의 고춧가루로 김치 빛깔내기

 춧가루가 매울 때 많은 양을 넣으면 너무 맵고 그렇다고 적은 양을 쓰자니 김치의 색이 제대로 안 나 맛이 없어 보인다. 그럴 때는 고춧가루를 따뜻한 물에 개어서 불렸다가 사용하면 적은 양으로도 고운 빛깔을 낼 수 있다.

또 김치 양념을 미리 넉넉히 준비해서 밀폐 용기에 담아 냉장고에 보관했다가 김치를 조금씩 담가 먹으면 맛도 있고 시간도 절약된다.

김치가 시었을 때

 치가 시었을 때는 찌개나 김치 볶음밥 등을 해 먹으면 되지만 신 김치에 씻은 조개 껍질을 넣어서 신맛을 없애도 된다.

조개 껍데기가 김치의 신맛을 없애 준다.

김장 김치 제맛 내기

김장 김치는 양을 많이 하는 것이 보통이다. 그래서 간을 잘못 맞춰 너무 짜거나 싱거워져 걱정을 하게 된다. 김치가 짜게 되었을 때는 무를 썰어 중간중간에 넣고 싱거울 때는 젓갈류를 중간중간에 부어 넣든가 김치 위에 소금을 솔솔 뿌려 주면 된다.

여름에도 김장 김치를 먹으려면

김장 김치는 봄이 되면 시거나 색이 변해 보관하기가 어렵다. 여름에도 잘 익은 김장 김치를 먹고 싶으면 김치가 알맞게 익었을 때 비닐 봉지에 한 포기씩 넣어 밀봉한 다음 냉동실에 얼려 둔다. 여름에 꺼내 먹으면 잘 익은 김장 김치의 맛을 제대로 즐길 수 있다.

단지 냉장고에 넣어 두는 것만으로는 많이 시어 버려 제맛을 보존하기 힘들다.

김장 김치 보관법

김장 김치를 잘 보관하려면 스티로폴 상자를 이용해 보자.

해산물을 사면 스티로폴 상자가 생기는데 버리지 말고 몇 개 준비해 두었다가 겨울철에 이곳에 김장 김치를 보관하면 싱싱한 맛이 오래 간다.

김치를 김장용 비닐에 넣은 후 스티로폴 상자에 담고 뚜껑을 꼭 닫아 두면 된다.

　김장 김치는 일찍 먹을 것은 좀 싱겁게 간을 하고 늦게 먹을 것은 소금의 양을 조금 많게 조절해 담그는 것이 좋다. 그리고 김치가 국물에 완전히 잠기도록 꾹꾹 눌러 놓아야 천천히 익어 쉽게 시지 않는다.

　또는 톱밥이나 겨를 구할 수 있으면 헌 사과 상자에 톱밥이나 겨를 채우고 그 안에 김칫독을 넣어 베란다에 둔다. 그런 다음 상자 둘레와 김칫독 위를 가마니로 덮어 두면 땅에 묻어 놓은 것같이 싱싱한 김치맛을 볼 수 있다.

굴을 씻을 때

은 타우린, 글리코겐 등 양양분이 풍부하다. 굴은 맹물에 그냥 씻으면 굴이 물을 먹고 불어나 맛이 없어지고 영양분까지 씻겨 나간다. 굴은 체에 받쳐 내린 소금물을 차게 해서 헹구어 내듯 씻는 것이 좋다.

　또는 무를 갈아 즙을 내어 굴 씻는 물에 넣고 가볍게 저어주면 굴의 끈끈한 즙이 빠져 나가 살이 상하지 않게 씻을 수 있다.

젓갈 시장과 이용법

천 소래 포구는 생새우와 새우젓이 값도 싸고 맛이 좋기로 유명하다. 또한 소래 포구는 멸치, 명란, 오징어, 조개젓 등도 시중에 비해 싸므로 한번 이용해 볼 만하다.

교통 체증이 심한 주말보다 평일을 이용하는 것이 편리하다.

새우젓은 음력 5월에 담근 것을 오젓, 음력 6월에 담근 것을 육젓, 가을에 담근 것은 추젓, 겨울에 담근 것을 동백하젓이라 부르는데 살이 통통한 육젓은 김장용으로 좋다.

더욱이 김장용 젓은 형태가 보이지 않을 정도로 푹 삭은 것이 좋은데 김치에 넣을 때는 곱게 다진 뒤 꼭 짜서 넣어야 맛있다.

멸치젓국, 까나리젓국 등은 금방 먹을 김치에 넣어 먹는 것이 좋다.

입맛 돋우는 봄나물 조리법

봄나물은 비타민과 무기질을 공급하고 위장을 튼튼하게 한다. 씀바귀, 달래, 냉이, 민들레 등을 새콤한 초고추장에 무쳐 먹으면 입맛 잃기 쉬운 계절에 별미가 된다.

달래, 냉이 등 향이 진한 들나물이나 버섯을 조리할 때는 파, 마늘 등 맛이 강한 양념은 되도록 적게 넣어야 재료 자체의 향과 맛을 살릴 수 있다.

고비, 고사리, 원추리 등 산나물은 삶아 데쳐서 국간장에 갖은 양념으로 무치고 단단한 것은 기름에 볶아 먹는다. 나물에 넣는 파, 마늘은 아주 곱게 다져야 하고 뽓안 양념 국물이 우러나도록 오랫동안 조물조물 무쳐야 맛이 더욱 좋다.

나물을 구입할 때는 어리고 연하며 색이 짙은 것을 고른다.

채소는 찌는 것이 좋다

금치, 양배추 등 채소는 찌는 것이 맛도 있고 영양가 파괴도 적다. 시금치는 바닥이 두꺼운 냄비에 시금치를 깔고 뚜껑을 덮은 뒤, 중불에서 1분 정도 두었다가 다시 시금치를 뒤집어서 2분 가량 삶으면 물 없이 데칠 수 있고 영양소도 보존된다.

야채의 녹색을 살리려면

을 끓인 다음 채소와 소금을 넣고 뚜껑은 덮지 않고 데친다. 그런 다음 얼음물에 담그면 고운 녹색을 띠게 되고 씹는 맛도 좋아진다.

표고버섯 손질하기

섯 종류는 물에 씻으면 맛이 떨어진다. 그러므로 생표고 버섯 손질은 다음과 같이 한다. 먼저 버섯의 머리 부분을 툭툭 치면 먼지나 흙이 모두 떨어진다. 그러면 젖은 행주로 잘 닦아서 요리한다.

말린 표고 버섯은 하룻밤 정도 물에 담가 두었다가 사용해야
한다.

달래, 냉이 된장찌개

래, 냉이 된장찌개를 끓일
때는 모시 조개로 국물을
낸다.

먼저 깨끗이 손질한 모시 조개
를 한 번 끓여 국물이 우러나면
모시 조개는 건져 내고 여기에
된장을 풀어 다진 마늘, 소금 등
을 넣어 간을 맞춘다.

그런 다음 된장찌개가 한소끔 끓
으면 달래, 냉이, 모시 조개를 넣어 다
시 한 번 끓인다. 그러면 달래, 냉이의 특유
한 향이 사라지지 않는다.

묵은 된장 맛내기

은 된장을 새롭게 맛을 내려면 멸치 머리나 고추씨를
이용한다. 바싹 말려 빻아서 이 가루를 된장 속 중간
중간에 일주일 정도 넣어 두면 빛깔도 좋아지고 조금
매콤한 것이 맛도 새로워진다.

수제비할 때 밀가루 반죽 요령

가 끔 수제비를 해 먹으면 별미로 맛은 좋지만 밀가루 반죽하는 데 힘이 든다.

밀가루를 이기고 주무르고 하려면 시간도 많이 걸리고 손목도 아프기 쉽다. 보다 쉬운 밀가루 반죽을 하려면 먼저 밀가루에 물을 알맞게 붓고 덩어리로 적당하게 만든 다음 비닐 봉지에 넣어 20분 가량 둔다. 그런 다음 반죽하면 쉽게 할 수 있다.

멸치 가루와 콩가루를 조금 섞어 반죽에 넣으면 단백질과 칼슘이 첨가되어 영양가도 높아지고 맛도 좋다. 칼국수할 때도 이렇게 한다.

발효가 잘 되는 빵 반죽하기

밀 가루에 물, 소금, 설탕, 샐러드 기름을 넣어서 반죽하는 데 반드시 연수(단물)과 소금을 약간 넣어야 한다. 그런 다음 발효시킬 때는 텔레비전 위와 같이 실내 온도보다 약간 높은 곳에 두어야 잘 된다. 발효되기 전보다 반죽의 크기가 두 배 정도 부풀었으면 발효가 잘 된 것이다.

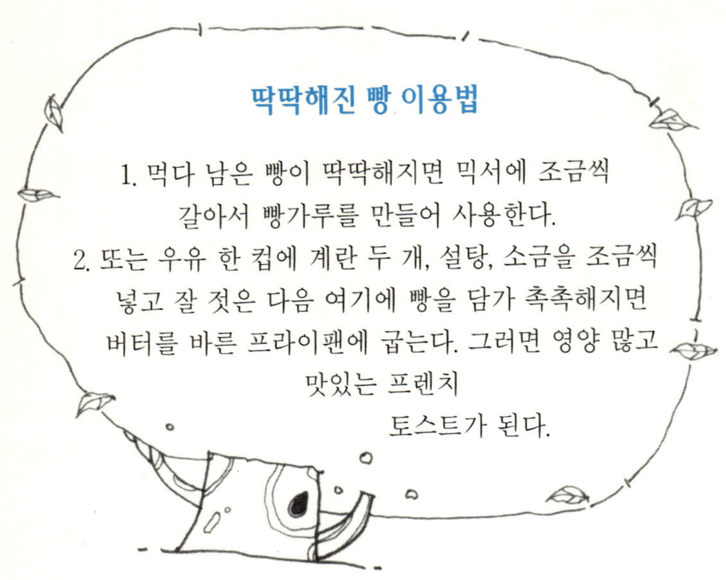

계란, 빵, 떡 곱게 써는 요령

말랑말랑한 빵이나 떡, 삶은 계란을 썰 때는 식칼을 뜨거운 물에 담갔다가 사용하면 모양이 망가지지도 않고 보기 좋다.

버터를 잘라 쓸 때

버터를 잘라 쓸 때는 얇은 종이를 버터 위에 놓고 칼로 썰면 곱게 자를 수 있다. 그러면 칼에도 버터가 묻지 않아서 좋다.

맛있는 라면 끓이기

 면을 끓일 때는 파나 야채, 고기, 계란 등을 곁들이면 맛도 있고 영양가도 높일 수 있다.

무엇보다 라면을 맛있게 끓이려면 다음과 같은 방법을 써 보자.

1. 미역을 조금 넣고 끓이면 느끼하지 않다.
2. 끓인 다음 술을 두서너 방울 떨어뜨린다.
3. 먹다 남은 국수가 있으면 햇볕에 말렸다가 라면을 끓일 때 같이 넣는다.
4. 끓인 다음에 달래를 넣어서 먹으면 달래의 향이 입맛을 돋우어 준다.

맛있는 멸치 국물 만들기

 름에 시원한 냉국수나 칼국수를 만들어 먹을 때는 국물이 맛있어야 한다. 국물 맛을 낼 때는 멸치를 많이 사용하는데 멸치는 똥을 빼고 물에 넣어서 끓인다. 그런 다음 설탕과 술을 반 찻술 정도 넣고 한 번 더 끓이면 맛있는 국물이 된다.

여름에는 냉장고에 넣어 두었다가 냉국수를 만들어 먹어도 맛있다. 국물을 좀더 오래 보관하려면 우유팩을 깨끗이 씻어 그곳에 국물을 담아 냉동실 도어 포켓에 넣어 둔다. 우유팩은 500ml짜리가 적당하다.

국물 요리 간 맞추기

 개나 국물 요리에 간을 맞출 때는 우리 몸 체액의 농도와 같은 1%의 농도로 간을 맞추는 것이 가장 좋다. 예를 들어 물 네 컵에 소금 한 찻숟가락, 간장 한 찻숟가락이 1%의 농도이다. 여기에 기준을 두고 약간씩 가감한다. 조개탕이나 국수 국물처럼 국물을 위주로 하는 음식에 간을 맞출 때는 소금과 간장의 비율을 1:3으로 하고 소금을 먼저 넣은 다음 요리가 다 되었을 때 간장을 넣어서 국자로 휘젓지 말고 그대로 한 번 끓이는 것이 맛있다.

조개, 생선국 끓일 때

 선국을 끓일 때는 물이 완전히 끓은 후에 생선을 넣어야 살이 부서지지 않고 국물도 담백하다.

또한 끓일 때 떠오르는 거품은 모두 걷어내야 맛이 있다. 간은 소금으로 맞추고 간장은 빛깔과 향기를 내기 위해 조금만 넣도록 한다. 정종 몇 방울을 떨어뜨리면 비린내도 나지 않고 맛이 한결 낫다.

그리고 쑥갓보다 미나리를 넣는 것이 좋다. 쑥갓은 오래 끓이면 질겨지고 색도 누렇게 변한다. 하지만 미나리는 색도 파릇하고 향취도 사라지지 않는다.

멸치 볶을 때 주의점

라이팬에 기름을 두르고 먼저 멸치를 볶는다. 그런 다음 설탕을 넣고 다 녹으면 간장을 넣는다. 간장을 먼저 넣게 되면 설탕이 제맛을 내지 못해 맛이 없어진다.

고기 맛있게 먹는 법

기는 비계째 구워 먹는 것이 좋다. 비계를 싫어하는 사람도 비계까지 구운 다음 먹기 전에 떼어 버리고 먹는 것이 맛있다.

쇠고기나 돼지고기를 먹을 때는 겨자를 곁들여서 먹는다.

겨자의 톡 쏘는 매운 맛이 육류의 살 속에 들어 있는 본래의 맛을 돋우어 주기 때문이다. 특히 돼지고기 요리에 효과적이다.

카레를 데워 먹을 때

통 카레를 다시 데워서 먹을 때는 물을 넣게 되는데 물보다는 우유나 사과 주스를 넣고 데우면 카레의 맛을 그대로 살릴 수 있다.

맛없는 과일 이용법

일이 조금 덜 익었거나 맛이 없을 때는 잘게 썰어 물과 설탕을 조금씩 넣고 살짝 삶아 준다. 이것을 빵에 얹어 먹으면 훌륭한 간식거리가 된다. 그러나 오래 보관하면 상하므로 조금씩 해 먹는 것이 좋다.

레몬즙 내기

몬을 그냥 짜서 즙을 내는 것보다 살짝 익혀서 즙을 내면 더 많은 양의 레몬즙을 얻을 수 있다.

레몬즙을 조금만 쓸 경우 레몬에 빨대를 꽂아서 짜면 알뜰하게 필요한 만큼만 쓸 수 있다.

유자는 11월에 구입한다

자는 다른 과일에 비해 비타민 C가 풍부하고 구연산이 많이 포함돼 있어 감기 예방, 고혈압, 성인병 등에 좋다. 유자는 11월을 전후해 수확되므로 11월에 구입하는 것이 가장 좋다.

> **<유자청 만들기>**
> 1. 유자의 신맛을 없애기 위해 노란 껍질 부위를 얇게 깎아내고 4등분 해 씨와 즙을 제거한다.
> 2. 0.5cm 정도의 두께로 얇게 썰어 설탕이나 꿀을 듬뿍 묻혀 재어 보관하면 유자청이 된다.
> 3. 저장 후 2~3일이면 먹을 수 있는데 서늘한 곳에 보관하면 1년이 지나도 먹을 수 있다.

싱싱한 레몬

레몬은 매끈매끈하고 둥글면서 끝이 뾰족하지 않은 것이 맛도 좋고 수분도 많다.

포 도

포도를 고를 때는 꼭지 쪽에 있는 포도 한 알을 먹어 보고 사도록 한다. 꼭지 쪽이 단 것이 맛있는 포도다.

바나나

잘 익은 바나나는 껍질이 노랗고 군데군데 갈색의 반점이 나 있다. 양끝이 초록빛을 띠는 것은 80% 정도 익은 것으로 2~3일 상온에 놓아 두면 알맞게 익는다.

싱싱한 딸기

딸기는 빨강색에 윤기가 나고 꼭지가 단단히 붙어서 생생한 녹색을 띠는 것이 신선하다.

오 이

오이는 아래와 위의 굵기가 비슷하고 증간에 울퉁불퉁한 부분이 많은 것이 싱싱하다. 한쪽만 굵은 것은 씨가 많아서 좋지 않다.

맛있는 배추

맛있는 배추를 고르려면 배추 뿌리 부분을 칼로 도려내 맛을 보면 알 수 있다. 맛이 고소하면 달고 맛있는 배추다.

신선한 계란

계란은 태양을 향해 비춰 보았을 때 투명한 것이 또 계란을 물 속에 집어 넣었을 때 옆으로 가라앉는 것이 신선한 것이다. 냉장 보관되었던 계란은 꺼내 놓아서 실내 온도가 되었을 때 시험해 봐야 한다.

김

김을 잘게 찢어서 물에 담갔을 때 끈적끈적하게 녹으면 질이 좋은 김이다. 또는 물에서 건졌을 때 엷은 빛깔을 띠면 좋은 것이고 진한 빛깔을 띠면 질이 나쁜 것이다.

싱싱한 새우

새우는 만져 보아서 탄력이 있고 껍질에 윤택이 있어야 한다. 또 수염이나 다리가 늘어지지 않은 것이 싱싱하다.

낙 지

낙지는 몸에 탄력이 있고 미끈거리지 않는 것이 신선하다. 또 눈알이 툭 튀어나온 것 같은 느낌을 주는 것이 좋은 것이다.

오징어

오징어는 푸르고 짙은 회색이 돌면서 광택과 탄력이 있는 것이 신선하다.

또 눈알이 툭 튀어나온 것 같은 느낌을 주는 것이 싱싱한 것이다.

닭

닭은 살이 핑크색을 띠고 껍질은 크림색을 띠는 것이 싱싱한 것이다.

통조림

통조림의 통이 찌그러져 있거나 깡통 표면에 녹이 슨 것은 상한 것일 수 있다. 깡통의 뚜껑과 아래쪽이 약간 들어간 것을 고른다.

메 주

요즘은 메주를 직접 만들지 않고 사는 집이 많은데 메주를 구입할 때는 색깔이 황록색을 띠는 것을 고른다. 황록색을 띠는 메주는 콩 속에 포함되어 있는 단백질이 아미노산 분해가 잘 되어 간장과 된장의 맛을 좋게 한다.

◯ 식품 보관법

두부를 오래 보관하려면

두부는 상하기 쉬운 식품이다. 바로 먹으면 좋지만 보관을 해야 할 때는 물에 담가 둔다. 이때 물에 소금을 조금 뿌려 놓으면 신선하게 오래 보관할 수 있다.

사 과

사과는 냉장고 야채실에 보관해도 되지만 많은 양일 경우에는 사과 상자에 모래를 깔고 그 속에 사과를 넣고 모래로 덮어 두면 신선한 맛이 오래 간다. 모래에는 약간 습하게 물을 조금 뿌려 준다.

바나나

바나나는 열대 과일이라 냉장고보다 실내에서 보관한다. 그러나 먹다 남은 바나나는 실온에 그냥 두지 말고 껍질을 벗겨 속만 비닐 봉지에 넣어서 냉동실에 얼렸다가 꺼내 먹는다.

참기름

참기름은 병을 깨끗이 씻은 뒤 소금독 속에 묻어 두면 기름맛이 변하지 않는다.

김

김은 그냥 두면 눅눅해지기 쉽다. 뚜껑이 꼭 맞는 양철 깡통에 보관하는 것이 좋다. 이때 깡통 속에 김이 가득 차지 않으면 종이를 넣어 통 안을 가득 채우도록 한다.

버 터

버터는 냄새가 잘 배어 든다. 그러므로 밀폐된 용기에 넣어서 냉장 보관한다.

소 금

소금은 습도가 높으면 쉽게 눅눅해진다. 소금 위에 그릇을 엎어서 덮어 두면 축축해지는 것을 방지할 수 있다.

맛있는 홍차 끓이기

홍차의 경우 물이 산성을 띠고 있으면 홍차의 적다색이 잘 우러나지 않는다. 물을 팔팔 끓여 산성을 제거시켜 주어야 맛있고 고운 빛깔의 홍차를 즐길 수 있다.

〈홍차 만들기〉

1. 홍차 작은 잎은 4~5분, 큰 잎은 7분 정도 우려낸다.
2. 레몬이나 설탕을 첨가하거나, 우유를 넣을 경우에는 찻잔에 우유를 먼저 따르고 차를 붓도록 한다.
3. 차가 뜨거울 때 위스키를 조금 넣으면 알코올은 뜨거운 기운에 날아가므로 뜨거울 때 위스키를 조금 넣고 마셔도 좋다.

풋사과로 식초 만들기

여름에 나는 풋사과로 식초를 만들어 보자. 풋사과를 듬성듬성 썰어서 조그마한 항아리에 담고 봉하여 오랫동안 그대로 둔다. 그러면 빨간 물이 생기는데 찌꺼기는 버리고 이 빨간 물만 받으면 새콤한 식초가 된다.

여름에 오이 냉국이나, 미역 냉국에 이용하면 좋다.

〈만드는 법〉

1. 과일은 흠집이 없고 무르지 않은
   것을 고른다.

2. 과일은 소금물로 씻은 후 채반
   에 받쳐서 물기를 완전히 없
   애야 한다. 그래야만 숙성 도중
   의 세균 번식을 막을 수 있다.

3. 술 담을 병은 투명하고 완전 밀봉되는
   뚜껑이 달린 유리병이 좋다. 병은 물로 삶아 소독한다.

4. 과일을 껍질째 두껍게 저며 과일 사이사이에 설탕을 넣
   어서 하루쯤 재웠다가 소주를 붓는다.

※ 사과, 배 등 신맛이 강하지 않은 과일에는 레몬 한 개를
   함께 저며 넣어 담근다.

※ 모과는 한 번 데친 후에 설탕에 재운다.

※ 감귤류와 유자는 껍질을 벗겨서 사용한다.

※ 과일주를 담은 병은 시원하고 어두운 곳에 보관한다. 감
   귤류는 1개월, 사과, 배는 1~2개월, 모과는 2~3개월 정
   도 숙성시킨 다음 과일을 건져 내고 술만 따로 담아서
   조금 더 숙성시킨다. 알맹이를 그냥 두면 술맛이 탁해질
   수 있다.

간단하게 알아보는 좋은 와인 구별법

와인에 대한 지식이 부족해도 다음의 간단한 상식만으로 좋은 와인을 구별할 수 있다.

1. 원산지 외에 상표에 지명, 소유사, 샤토(포도농장) 이름이 구체적으로 표시된 것
2. 제일 좋은 와인은 '샤토 ○○' 표시된 것
3. 병 모양은 목이 짧고 어깨가 있어 맥주병 같은 형태인 것
4. 같은 양이라도 병 바닥이 오목하게 파여 있어 병의 키가 큰 것
5. 상표의 재질이 좋고 인쇄가 잘 된 것
6. 코르크 재질이 좋고 길이가 긴 것

보관이 잘 된 와인 구별법

여름철에는 열로 인해 병 속의 와인이 종종 끓게 되는데 이러면 맛이 나빠질 수 있다.

와인이 끓었는지 안 끓었는지는 코르크로 알 수 있는데 코르크 윗부분에 손가락을 올려놓았을 때 가운데가 2~3㎜ 정도 오목하게 들어가 있는 것은 끓지 않은 것이다. 그러나 코르크 모양이 불룩 위로 튀어나온 것은 열로 인해 와인이 끓었다는 표시이다.

또 코르크를 눌러 보았을 때 딱딱하지 않고 스펀지처럼 느껴

지면 유통 과정에서 한 번쯤 끓었다고 의심할 만하다.

와인 보관법

인을 보관할 때는 코르크 마개를 통해 포도주가 숨을 쉬는 것을 막기 위해 포도주 병을 눕혀 놓는 것이 좋다. 포도주 전문점에 가면 와인랙이라고 불리는 포도주 장식장을 판매하고 있다.

와인의 의학적 효능

일 두세 잔의 와인을 마시면 심장병 예방에 효과가 있고 피부암, 치매 발병률을 낮춘다는 것은 코르크 마개에 오크통에서 제대로 숙성, 발효시킨 레드 와인만 해당된다.

● 와인을 마시는 사람들이 알아 두어야 할 상식

1. 튤립형 굽이 달린 깨끗한 글라스를 쓴다.
2. 조용히 알맞게 따르고 마시기 전에 향기부터 맡는다.
3. 와인잔을 앞에 놓고 담배를 피우지 않는다.
4. 와인은 숨을 쉬어야 맛이 좋아지므로 적어도 한 시간 전에 병마개를 따 둔다.
5. 레드 와인은 실내 온도가 되도록 해서 마신다.

6. 화이트 와인은 차게 한다.

7. 와인이 잘 된 해를 기억해 둔다.

8. 보통 육류 요리에 레드 와인, 생선 요리에 화이트 와인
   이 어울린다.

9. 와인은 드라이 타입과 스위트 타입으로 나누는데 드라
   이 타입은 타닌 성분이 많아 떫은 맛이 강하다. 드라이
   한 화이트 와인은 조개, 고등어, 소시지, 중국 음식 등
   향이 강한 음식에 잘 어울린다.

10. 달콤한 화이트 와인은 과일이나 케이크, 파이 등 후식
    과 잘 어울린다.

11. 포트나 셰리라는 이름이 붙은 와인은 스
    낵이나 건포도와 같이 마시기 좋다.

12. 그냥 와인만 마실 때는 치즈와 곁들
    여 마시면 좋다. 치즈의 짠 맛이 와
    인의 떫은 맛을 중화시켜 주기 때문
    이다. 그러나 치즈가 미각을 흐려 놓
    기도 하므로 와인 자체의 맛을 정확
    히 음미하려는 사람은 피하는 것이
    좋다.

13. 와인의 향과 맛을 제대로 느끼려면 적은 양
    의 와인을 입에 물고 공기를 들이켜 입 속에서 회전시
    키면서 마신다.

14. 달지 않은 화이트 와인은 돼지 고기, 송아지 고기에도
    어울린다.

와인 전문점

 문점에서 와인을 구입하면
다른 곳보다 조금 싸다. 또
프랑스계 대형 할인점 까
르푸에서도 20% 정도 싼 가격에
와인을 살 수 있다.
와인 전문점에는 마시다 남은 포
도주 병을 막아 두기 위한 진공 마
개와 병에 남은 공기를 말끔히 없
애 주는 진공 펌프, 코르크 따개 등
을 판매한다.

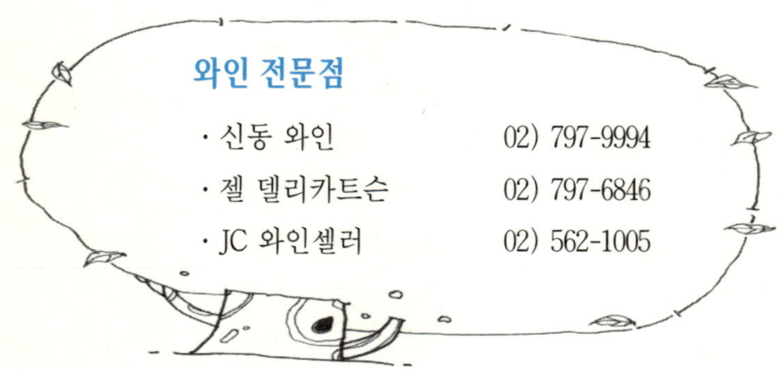

제과제빵 재료와 기구 판매하는 곳

 과 쿠키를 만들기 위해서는 계량 기구들이 필요하
다.
다음은 재료와 기구를 판매하는 곳이다.

재료만 판매하는 곳	젤 델리카트슨	02) 797-6846
	용천 상회	02) 272-5047
재료와 기구를 모두 판매하는 곳	유암 산업 본점	02) 565-3415
	송파점	02) 403-3415
	상계점	02) 933-4693
	목동점	02) 645-3415
	분당점	0342) 717-3415

서양 요리 재료 파는 곳

식 재료는 백화점 양식 양념류 코너나 남대문 시장 D 동과 E동 사이의 지하 1층 계단 옆 양식 재료를 취급하는 점포에서 구입할 수 있다.

또는 한남 체인〈02) 702-3314〉에서도 양식 재료를 거의 갖춰 놓고 있다.

PC 통신 요리 정보

일매일 식사 준비를 해야 하는 주부들의 한결 같은 고민이 "오늘은 무얼 해 먹을까?"이다. 그러나 PC 통신의 주부 동호회(GO JUBU)나 인터넷의 개인 홈 페이지로 들어가면 다양한 요리를 배울 수 있다.

또는 신문이나 잡지 등에 나오는 요리 정보를 스크랩해 두면 손님상 차릴 때나 별미 요리를 해 먹을 때 도움이 된다.

◆ 하이텔, 나우누리 - 즐거운 요리
◆ 천리안 - 하선정 요리백과, 푸드랜드(FOOD LAND)
◆ 인터넷 - (주) 제일제당 홈 페이지의 요리 코너
(http : //www.cheiljedang.com / best / indexk.
html)
푸드넷의 홈 페이지
(http : //www.foodnet.co.kr / info / event1.
htn1)

3 재테크

3. 재 테 크

매매 계약시 유의할 사항

매 매 계약은 반드시 등기부에 표시된 소유자와 해야 하며 주민등록증을 보고 이를 확인해야 한다.

만약 소유주의 대리인과 계약을 해야 하는 경우라면 소유주의 인감이 찍힌 위임장을 받아 두어야 하므로 계약자는 인감 증명서를 요구하여 확인을 한다.

계약서를 작성할 때는 부동산의 위치와 규모, 계약일, 거래 가격, 대금 지불일, 소유권 이전일, 해약시의 조건, 융자금 상환, 수도료, 전기료 등 각종 공과금 납부 여부와 정원수, 싱크대 등 부대 시설의 소유 문제까지 분명히 해 두어야 나중에 문제가 일어나지 않는다.

잔금 지불과 등기

 금을 치를 때도 등기부 등본을 한 번 더 떼어 보고 계약 후에 다른 사람과 이중 계약을 하지는 않았는지, 새로 근저당이 설정되지는 않았는지 확인해야 한다. 등기 이전에 필요한 서류는 등기권리증, 매도 증서, 1개월 이내에 발행된 인감 증명, 주민등록등본 등인데 이를 전부 준비해 소유주와 함께 바로 법무사에 가서 등기 이전을 위탁한다.

확실히 하기 위해서 전문가의 도움을 받는 것이 좋다.

집 구입시 주의 사항

 을 구입할 때는 여러 가지 유의해야 할 일이 많다. 먼저 등기부를 확인해야 하는데 다음의 사항부터 체크한다.

1. 등기부의 건물의 구조와 용도, 면적, 소유주를 확인한다.

2. 압류 및 근저당 설정 여부 등을 확인한다.

※ 관할 시청이나 구청에서 알아볼 일

토지 가옥대장과 도시 계획 확인원을 떼어 등기부 내용과 비교한다.

1. 토지주와 건물주가 같은지 확인한다.

2. 집이 도시 계획에 들어 있는지의 여부를 확인한다.

※ 직접 구입할 집을 방문하여 전세나 월세 등을 살고 있는 사람이 있는지를 확인한다.

집 고르는 요령

1. 전철, 버스 등 교통이 편리한가 ?
2. 시, 구청, 은행 등 공공 시설은 가까이 있는가?
3. 초, 중, 고교 학군은 어떻고 가까이 있는가?
4. 시장, 슈퍼마켓 등 상가 시설이 가까이 있는가?
5. 물 사정은 좋은 곳인가?
6. 화재시 소방도로를 할 만한 진입도로 폭은 넓은가?
7. 주택 전용 지역인가?
8. 소음, 매연 등 공해는 없는가?
9. 안정성을 고려해 우범 지역은 아닌가?
10. 경관은 수려한가?

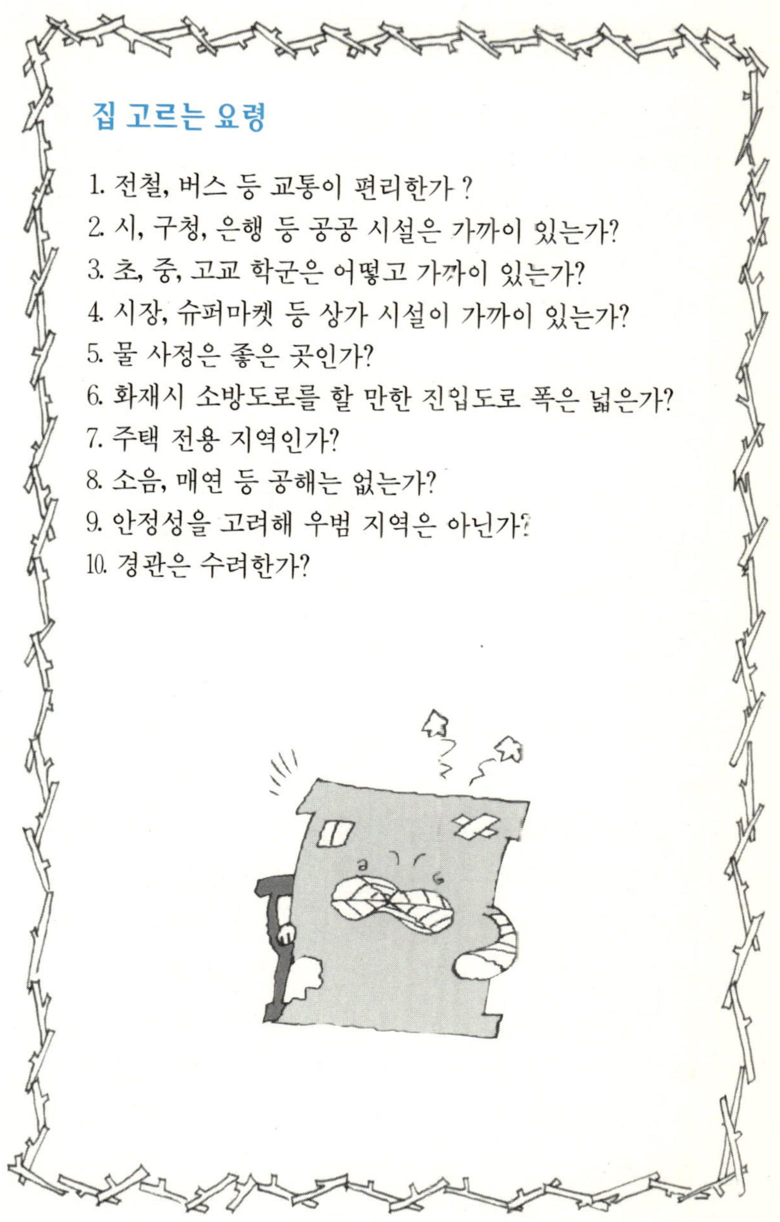

집을 사거나 전세를 구할 때는 해당 주택에 대한 하자 여부를 꼭 확인해야 한다. 그래야만 전세금을 떼이거나 소유권을 넘겨 받지 못하는 일을 겪지 않는다.

1. 먼저 해당 주택의 등기소에서 소유권 보전 및 이전, 압류, 가등기, 가압류 등을 체크하고 시, 군, 구청에서 건축물 관리 대장과 토지 대장을 열람해 건물 및 토지 면적, 무허가 건물 여부, 준공 시점 등을 확인해야 한다.

2. 계약시 등기부 등본상의 집주인과 직접 계약서를 작성해야 하며 소유주의 대리인과 계약을 할 때는 소유주의 인감이 찍힌 위임장을 받아 둬야 한다.

3. 잔금을 치를 때도 등기부 등본을 떼어 보고 계약 이후 근저당 설정 등이 추가되었는지 살펴봐야 한다.

4. 전셋집은 이사한 후에 전세권 설정이나 확정일자를 받아 두어야 한다. 그리고 전입 신고 때 다세대나 아파트 등 공동주택은 동, 호수까지 정확히 기재해야 한다.

5. 확정일자는 각 동사무소에서 받을 수 있다. 전입 신고를 하면서 담당자에게 계약서를 제출하면 확정일자를 찍어 준다.

6. 그러나 기존에 이미 주민등록이 되어 있고 세입자가 임
   대차 계약을 갱신하는 경우에는 등기소나 지방법원에
   서 확정일자를 받아야 한다.
7. 확정일자를 받아 두면 주택이 압류당해 경매되더라도
   세입자는 보증금이 3천만 원 이하일 떠 1,200만 원까지
   우선 변제받을 수 있다.
8. 전입 신고시 필요한 서류는 지역의료보험카드, 자동차
   등록증 주소 변경시에는 자동차 등록증, 면허증, 도장,
   주민등록증이 필요하다.
9. 전셋집을 구할 때는 근저당 설정이
   전혀 없는 집이 가장 좋지만
   부득이한 경우에는 저당 금
   액과 전세금의 총합계가 아
   파트의 경우 시가의 70%, 단
   독, 연립 주택은 60% 이하인
   집을 선택하면 경매처분되더라
   도 안전하다.
10. 확정일자를 받아 놓으면 그 후에 설정된 근저당이나 가
    압류보다 낙찰금을 우선 배당받을 수 있다. 그러나 전
    입 신고까지 마쳐야 효력이 생긴다. 만약 확정일자를
    먼저 받고 나중에 입주한 후 전입 신고를 했다면 늦은
    전입 신고 날짜가 권리 행사의 기준이 된다.
11. 임대차 보호법은 소액 보증금을 어떤 채권보다 우선 지
    급토록 하고 있으므로 확정일자를 받지 않았더라도 입

12. 또 세입자는 소유자가 세금을 체납하지는 않았는지도
알아봐야 한다. 그러나 개인에 대한 세금 체납여부는
비밀이 보장되므로 사실상 확인하기 어렵다. 세금은 고
지서 발송 일자가 법정 기일이므로 등기부에 기재된
날짜 보다 훨씬 앞설 수 있으므로 유의한다.

점포 계약시 주의 사항

점포 임대 계약 기간은 1년으로 되어 있다.
그러나 계약 만료 전에 주인이 점포를 직접 운영하겠
다고 계약기간이 끝나면 나가 달라고 할 수도 있다.
이 경우 만약 계약 당시 계약서에 권리금이나 시설비
에 대한 조항을 명시해 두지 않으면 권리금을
한푼도 받을 수 없게 된다.
현재 상가에 대해서는 법적으로 아무런 보호 장치가
마련되어 있지 않다. 그러므로 항상 계약 기간
재연장 등을 염두에 두고 시설이나
권리금 부분, 사전 통보 시기와 조건 등을
계약서에 명시해야만 피해를
막을 수 있다.

전세 보증금을 돌려 주지 않을 때

계약 기간이 끝났는데도 보증금을 돌려 받지 못할 경우 세입자는 보증금 반환 청구소송밖에 취할 방안이 없다. 재판에서 이길 가능성은 높지만 소송기간이 오래 걸린다. 이럴 때는 구청이나 한국 소비자 보호원 등에 요청하면 더 빠른 결과를 얻을 수 있다.

계약 만료 이전에 이사를 가려면 세입자가 중개 수수료를 물어 가며 직접 새 세입자를 물색해야 한다.

계약 기간 전에 과다하게 전세값 인상을 요구하거나 이사비를 준다고 집을 비워 줄 것을 요구하는 경우 세입자는 집주인의 요구에 응할 필요가 없다. 또 집주인은 임대차 계약 후 혹은 전세 보증금을 인상한 후 1년이 지나야만 집세의 5% 이내 범위에서 인상할 수 있다.

◯ 토지 공사가 택지 개발 사업에 적용하는 보상 기준

개발지로 지정된 땅은 용도, 특성, 업무용, 주거용, 허가 건물, 무허가 건물 등에 따라 보상 내용이 달라진다.

토지의 경우(준 농림지, 그린벨트, 논, 밭 등)
1. 보상액은 표준 공시지가를 기준으로 해당 토지의 지목, 용도, 도로 접근성 등을 고려해 결정된다.
2. 보통 공시지가보다는 10~20% 정도 높고 시세보다는 조금 낮다.

3. 보상액 산정 기준일은 보상 계약 시점이다.
4. 보상에 불만이 있는 경우 이의신청을 통해 더 받을 수는 있지만 개발 지구에서 빠질 수는 없다.
5. 토지는 이주자용 택지를 공급받을 수 없다.

건물의 경우 — 소유자일 때
1. 지구 지정 이전부터 허가받아 지은 건물이 주거용일 때는 소유자에게 재건축비, 2개월 분의 주거비, 이주자용 택지를 조성 원가로 분양받을 수 있다. 특별히 소유자가 택지 개발지구 지정 전부터 살고 있다가 근무지 이동, 요양 등의 불가피한 사유로 집을 세놓았을 때는 이주자용 택지를 분양받을 수 있지만 집을 사서 세만 놓은 경우에는 이주자용 택지를 분양받을 수 없다.
2. 상가, 공장 등 비주거용 건물은 건물 보상비만 받을 수 있다.
3. 건축 허가를 받아 집을 짓는 도중 관련 부지가 택지개발지구로 지정됐다면 하던 공사를 중단하고 해당 지자체에 다시 건축 허가 절차를 밟아야 하는데 허가를 받기가 쉽지 않다. 이 경우 인허가, 설계 비용과 그때까지 들어간 필요 경비만 보상해 준다.

4. 무허가 건물은 건축 시점이 공공 용지 취득 및 손실 보
   상에 관한 특례법이 개정된 1989년 1월 24일 전에 건축
   되었다면 허가 건물과 똑같은 혜택을 받을 수 있다.
5. 그러나 무허가 건물이면서 1989년 1월 24일 이후 건축
   되었을 때는 주거, 비주거에 관계 없이 이전비만 지급
   받을 수 있다.
6. 지구 지정 이후에 지은 무허가 건물은 보상비 없이 강제
   철거당한다.

건물의 경우 — 세입자일 때

1. 세입자의 경우 지구 지정 당시
   3개월 이상 거주시 주거용일
   때, 허가 건물이거나 무허
   가 건물이면서 1989년 1월
   24일 이전에 건축된 주택의
   경우 3개월분 주거 대책비,
   임대 아파트 공급권 중 선택
   할 수 있다.

2. 세입자가 지구 지정 당시 3개월 이상 거주해도 1989년 1
   월 24일 이후에 건축된 무허가 주택일 때는 보상비를 받
   을 수 없다.
3. 세입자가 택지 개발 지구 지정 당시 3개월 미만 거주했
   을 때도 보상비가 없다.

1. 임차인은 계약 종료시 임대인에게 보증금의 반환을 청구할 수 있다.
2. 임대 목적 건물인 부동산이 경매로 넘어간 경우나 상가 점포인 경우 임차인은 자신과 계약한 임대인에게만 보증금의 반환을 청구할 수 있다.
3. 점포를 임차하여 인테리어, 바닥재 시설 등 비용이 들어갔을 때 임차인은 그 비용을 청구할 수 있다. 그러나 임대한 기간 동안 감가상각된 것을 감안, 현 상태에서 평가한 금액만 청구할 수 있다. 단, 부동산의 가치를 증대시키는 데 소요되는 비용을 유익비라고 하는데 당초 임대차 계약서상에 유익비 청구는 일체 인정하지 않는다는 등의 조항이 들어 있다면 유익비 상환 청구권은 인정되지 않는다.
4. 대법원 판례에 따르면 임차인의 임대인에 대한 권리금 반환 청구권은 인정되지 않는다. 그러므로 계약 당시 권리금이나 시설물에 대한 조항을 따로 만들어 놓아야 권리금 등을 받을 수 있다.
5. 본채와 독립된 화장실 등이 낡아서 헐고 새로 임차인이 신축했다면 그 화장실에 대한 소유권은 임차인에게 귀속된다. 그러므로 계약 종료시 임대인에게 신축한 화장실을 매수해 달라고 요구할 수 있다. 단, 화장실 신축시 임대인의 동의를 받아야만 부속물 매수 청구권을 행사할 수 있다.

법원 경매

법 원 경매를 이용하면 시세보다 싼 가격으로 건물이나
토지를 매입할 수 있다.

1회 유찰 때마다 감정가가 20% 하락하므로 법원 경매, 공매 시장을 눈여겨 볼 만하다.

그러나 법원 경매로 매입을 하는 경우 전세나 기타 자세한 사항을 잘 체크해야 한다.

중고차 구입 요령

중 고차는 돈을 지불하고 나면 차를 판매한 사람에게 수리 등을 일체 요구할 수 없다. 그러므로 중고차를 구입하려고 할 때는 꼼꼼히 따져 봐야 한다. 결함이 있으면 돈을 지불하기 전에 찾아내서 수리를 요구하는 것이 바람직하다.

중고차 구입시 다음 사항을 꼭 확인해 보자.

1. 시운전을 꼭 해 본다.
2. 급브레이크를 걸어 핸들이 옆으로 쏠리지 않는지, 밀리지는 않는지 등을 점검한다.
3. 기어를 전진 후진한 뒤 거슬리는 소리가 나면 동력 전달 장치의 마모 상태를 알아봐야 한다.
4. 엔진 부위의 손상 여부와 충돌 사고의 유무를 확인하고 매매 계약서 비고란에 무사고 사실을 기재해 달라고 요청한다.
5. 해를 마주 보고 역광으로 살피면 재도석 여부를 쉽게 확인

할 수 있다.

6. 계기반의 주행 거리를 살펴보고 차의 마모 정도와 주행 거리를 비교해 본다.

7. 거래를 할 때는 반드시 허가 업소를 이용하고 허가 업소 직원과 계약을 해야 한다.

청약 저축

 약 저축은 분양가 자율화의 영향을 별로 받지 않는다. 청약저축 통장으로 아파트를 분양 받으면 1천2백만 원~1천4백만 원 정도의 융자를 받을 수 있다.

가입 대상은 무주택 세대주이면 되고 매월 2만~10만 원 이내에서 예금을 해야 한다.

청약 1순위는 2년이 경과하고 24회 이상 납입하면 된다. 2순위는 1년이 경과하고 24회 이상 납입해야 한다.

청약 예금

 간 업체에서 공급하는 아파트는 시세 차익을 노릴 수가 없게 되었다. 그러나 공공 택지에서 분양되는 값싼 아파트의 경우 과거에 비해 높은 청약률이 예상된다.

청약 예금은 주택 구입 자금 및 중도금 대출 제도를 시행하고 있다. 청약 예금을 1년 이상 예치할 경우 전용 면적 100㎡를 초과하는 주택에 대해서도 구입 가격의 50% 범위 내에서 1억 원까지 대출을 해준다.

또 중도금 대출은 50% 범위 내에서 1억 원까지 빌려 쓸 수 있고 대출 기간은 3년 이상 예치했을 때는 최장 20년, 3년 미만은 최장 10년까지 가능하다. 대출 대상 주택에는 청약 예금을 통한 당첨 주택만이 아니라 모든 구입 주택이 포함된다.

⬤ 예치 금액에 따른 청약 가능 면적

청약 가능면적 \ 지역	서울·부산	기타 광역시	기타 시·군
8㎡(25.7평) 이하	300만 원	250만 원	200만 원
102㎡(30.8평) 이하	600만 원	400만 원	300만 원
102㎡ 초과 135㎡ 이하	1,000만 원	700만 원	400만 원
135㎡(40.8평) 초과	1,500만 원	1,000만 원	500만 원

청약 부금

가입 대상자는 세대주면 되고 2년이 경과하고 지역별 청약 예금 예치 금액 이상 납입했을 때 청약 1순위가 된다.

청약 부금은 전용 면적 25.7평 이하의 민영 주택 청약이 가능하고 장기 저리의 대출까지 받을 수 있다. 또한 매달 3만 원에서 30만 원까지 자유롭게 불입할 수 있어 자금 부담이 크지 않다.

또 청약 부금에 가입하면 민영 주택 자금 외에도 일반 장기

상업 대출인 '파워 주택 자금'을 덤으로 대출받을 수 있다. 그러므로 청약 부금으로 아파트를 분양받으면 최고 4,500만 원까지 장기 저리 주택 자금을 대출받을 수 있다.

청약 통장 깨야 할까?

렴한 값에 내 집을 마련한다는 서민들의 꿈은 멀어졌지만 그래도 청약 통장은 필요하다.

분양가 자율화로 기대만큼 시세 차익을 노릴 수는 없지만 국민 주택 기금을 지원받는 전용 면적 25.7평 이하의 국민 주택과 공공 택지 개발 지구에 짓는 전용 면적 25.7평 이하의 주택은 여전히 분양가가 규제되기 때문이다. 그러므로 시세 차익은 분명히 존재한다.

또 분양가가 자율화는 되었지만 1순위제가 유지되고 있고 아파트 분양시 청약 통장 가입자에게 우선권이 주어진다. 따라서 입지 여건이 좋고 투자 가치가 높은 곳을 분양받으려면 청약 통장이 필요하다.

장기적으로는 발전 가능성이 있는 곳에 투자하는 것이 바람직하다.

주택 자금을 대출 받으려면

부분의 은행은 특정 상품에 가입하거나 일정 규모 이상의 거래를 한 고객에게 우선 대출을 해주고 있다.

은행마다 적금 이외에 가입시 대출을 약속하는 대출

연계 상품을 판매하고 있다. 그러므로 자신의 자금계획에 맞춰서 은행의 상품 조건을 꼼꼼히 따져 보고 적절한 상품에 미리 가입하는 것이 유리하다.

무엇보다 중요한 것은 개인의 신용 관리이다. 대출금 이자 납입, 신용 카드 결재 등 연체가 있을 때는 신용 악화로 대출 거절의 사유가 될 수 있으므로 주의한다.

보험 해약 때는 손익을 따져 봐야 한다

보험은 저축성 상품일 때도 가입 후 3년이 지나야만 원금 수준의 환급금을 돌려 받을 수 있다.

1년에 72만 원까지 소득 공제 혜택을 받을 수 있는 개인 연금 보험의 경우 5년 안에 해약하면 그 동안 공제받은 금액을 다시 징수당한다.

특히 가입 후 2년 내에 해약하면 원금의 70%도 돌려 받지 못하므로 불리하다.

그러므로 보험료 납입이 어려워 중도 해약이 불가피한 경우라면 보험사의 약관 대출을 이용해 보자. 약관대출은 해약 환급금의 범위 내에서 언제든지 대출을 해주고 대출금을 갚을 때도 자유롭다.

아니면 보험료를 감액받을 수도 있으므로 해당 보험 회사를 찾아가서 감액 신청을 해 보자.

보장의 규모를 조정하여 보험료를 원하는 만큼 감액해 준다.

세금 우대 상품

금융 기관에서 취급하는 세금 우대 혜택이 있는 상품을 적극 이용한다. 정기 예금이나 적금 등을 가입할 때는 일정 금액까지 세금 우대 혜택을 주는 비과세 상품이나 세금 우대 상품 등을 골라서 가입하는 것이 바람직하다.

1개월 미만 여유 자금

MDA(Market Deposit Account)는 시장 금리부 수시 입출금식 상품이다. 이자는 저축액에 따라 차등 적용되는 경우가 대부분이며 6백만 원 미만은 일반 저축예금보다 금리가 낮을 수 있다. 그러나 1천만 원 이상일 때는 저축 예금의 금리보다 2~3배 높다. 그러므로 사용 시기가 불확실한 자금은 중도에 빼도 이자 손해를 보지 않는 MDA 상품에 가입하는 것이 유리하다.

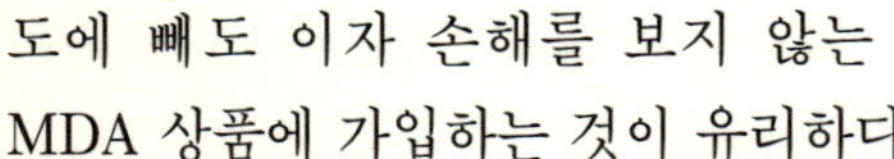

　　MDA는 종금사의 CMA, 투신사의 MMF 상품 등이 있다. MDA는 확정 금리 상품은 아니다.

3~6개월 여유 자금

기 여유 자금은 시장 실세 금리 연동 상품에 가입하는 것이 좋다. 이 상품은 짧은 기간에도 높은 금리를 지급하며 가입 당시 금리를 만기까지 보장한다.

예금을 장기간 예치할 때는 신탁 상품을

탁 상품은 단기간보다는 장기간 예치할수록 유리하다. 금융 기관이 실적 배당하는 신탁 상품은 만기가 지나

도 똑같은 이율로 이자를 지급한다. 그리고 만기 후에 가산된 이자 금액에 대해서도 복리 방식으로 계산되는 것이 대부분이기 때문에 장기간 예치할수록 이자 소득이 크다.

　그러나 만기가 되기 전에 급히 돈이 필요할 경우도 있으므로 미리 신탁 자금을 담보로 대출을 해주는지 여부를 확인하는 것이 좋다. 신탁 만기가 얼마 남지 않았거나 일시적으로 자금이 필요할 때는 대출을 받는 것이 유리하기 때문이다.

외화 예금

외 출장이나 여행을 자주 다녀야 하는 사람은 외화예금에 가입해 두는 것이 좋다.
외화 예금에 가입해 두면 돈을 찾을 때 환전 수수료를

내지 않아도 되고 이자도 붙는다. 그리고 원화의 가치가 떨어지는 기간에는 오히려 이득을 볼 수 있다.

외화 예금의 가입 자격과 금액은 제한이 없고 외국환을 취급하는 은행이라면 어디든 가입할 수 있다. 입출금 방법도 원화로 은행 거래하는 것과 똑같다.

그러나 외화로 인출시에는 외환 관리 규정에 정해진 용도와 액수만 가능하다는 점을 유의해야 한다. 외화 예금을 원화로 인출할 때는 제한이 없다.

편리하고 저렴한 전자 금융 서비스

텔레 뱅킹이나 PC 뱅킹은 거래 은행에 가서 본인이 직접 서면으로 신청해야 한다.

텔레 뱅킹은 각 은행의 텔레 뱅킹 센터로 전화를 걸면 자동 응답 시스템(ARS) 안내 방송이 나오는데 안내에 따라 필요한 전화 버튼을 차례로 누르면 컴퓨터가 알아서 처리해 준다. 이용료는 같은 은행 거래는 지방 어디든지 무료이고 다른 은행 송금도 금액에 상관없이 300원이다.

또는 PC 뱅킹 서비스를 신청한 뒤 이용해도 편리하다. 단 PC

뱅킹은 통신 이용자여야 가능하다.

실업 급여를 받을 수 있는 자격

실업 급여를 받기 위해서는 실업 전 사업장이 고용 보험에 가입했고 거기서 12개월 이상 근무했으며 또한 정당한 실직 사유가 있어야 한다.

그러나 새 기술 도입으로 새 업무에 적응할 수 없었거나 질병 등으로 업무 수행이 불가능했을 때는 실업 급여를 받을 수 있다.

실업 급여 신청 방법

실업 급여는 실직한 뒤 10개월 이내에 신청해야 받을 수 있다. 실업 즉시 실업 급여를 신청해도 바로 나오는 것은 아니다. 신청을 한 뒤 2주일 후에 지방 노동 사무소를 다시 방문해 실업 급여 수급 자격증을 받고 또 그때부터 2주일 동안 재취업을 위한 구직 활동을 했는데도 취업을 하지 못했다는 사실을 인정받아야만 실업 급여가 지급된다.

그 후에도 2주마다 지방 노동 사무소를 방문해서 구직 활동을 적극적으로 했다는 사실을 입증해야만 실업 급여를 계속 받을 수 있다.

🔵 실업 급여 지급 일수

나이/피보험기간	1~3년 미만	3~5년 미만	5~10년 미만	10년 이상
25세 미만	60일	60일	90일	120일
25~30세 미만	60일	90일	120일	150일
30~50세 미만	90일	120일	150일	180일
50세 이상 및 장애인	120일	150일	180일	210일

취직 촉진 수당

1. 구직 급여의 액수는 실직하기 전에 받았던 평균 임금의 절반으로 하루 3만5천 원이 상한선이다. 구직 급여를 받을 수 있는 날을 절반 이상 남겨 둔 채 재취업하면 잔여 기간 구직 급여의 1/3을 조기 재취직 수당으로 받을 수 있다.
2. 지방 노동관서장이 지시하는 직업 훈련을 받으면 직업 능력 개발 수당을 받을 수 있다.
3. 거주지에서 50km 이상 떨어진 회사에서 구직 활동을 했을 때는 숙박비와 광역구직 활동비를 받을 수 있다.
4. 취업이나 직업 훈련을 받기 위해 이사하면 이사비를 받을 수 있다.

❋ 알아 두면 편리한 전화 서비스

1. 발신 전화번호 확인 서비스

전화에 의한 폭언, 협박 등을 받고 있다면 발신 전화번호 확인 서비스를 신청해 협박에서 벗어나 보자.

신청 방법은 신청서, 전화 협박을 확인할 수 있는 자료, 주민등록증, 도장을 전화국에 가지고 가서 서면으로 신청하면 되고 이용료는 2천 원이다.

이 서비스는 자동 안내와 수동 안내가 있는데 자동 안내 서비스는 전화 협박을 받았을 경우 통화중에 후크 스위치를 눌렀다가 통화가 끝난 후 155번을 누르면 전화국에서 발신자의 전화번호를 자동으로 알려 준다.

수동 안내 서비스는 통화중 후크 스위치를 눌렀다가 통화가 끝나면 각 국번+0000으로 24시간 이내에 전화해서 확인을 요청하면 된다.

2. 수신자 요금 서비스

외출시 동전이나 전화 카드가 없을 때 공중 전화로 긴급 버튼+107번을 누르면 전화 요금이 수신자에게 부담된다.

3. 141 연락방 서비스

이 서비스는 이동이 잦은 사람이 유용하게 쓸 수 있다. 신청 방법은 141번을 누른 후 안내에 따라 이용하면 되고 요금은 50초 당 41.6원이다.

연락방을 개설해 놓고 이동중에 용건을 말해 두면 통화가 필요한 사람이 연락방에 전화해서 용건을 들을 수 있으며

상대방이 또 연락방에 녹음해 둔 내용을 수시로 전화해서
확인할 수 있다.

4. 착신 통화 서비스

빈 사무실이나 집에 걸려 온 전화를 제3의 장소에서 무선
호출기나 이동 전화 또는 일반 전화로 받을 수 있는 서비
스이다.

신청 방법은 전화국 각 국번+0000으로 전화하면 되고 이
용료는 월 1천 원이다.

5. 국제 전화 카드

한국에서 외국으로, 외국에서 한국으로 전화할 때 쓰는 카
드이다. 이 카드는 선불제와 후불제 두 종류가 있으며 회
원으로 가입하면 카드 번호와 비밀 번호를 부여해 준다.

전화 요금 절약은 이렇게

이동 전화는 업체마다 기본료가 다른 패키지를 내놓고 있
다. 통화량이 적은 사람은 기본료가 싸고 통화 요금이 조
금 비싼 것을 선택하면 유리한다. 어떤 것이든 자신에게
맞는 것을 5~6가지 패키지 중에 선택하면 이동 전화 요금
을 절약할 수 있다.

원치 않는 시외 전화 때문에 전화 요금을 많이 내는 사람
은 특정 번호 차단기를 이용한다. 설치도 간단하고 필요할
경우 스위치 조작만으로 사용이 가능한 특정 번호 차단기
는 시외, 국제, 전화 정보 서비스 등을 차단할 수 있다.

특정 번호 차단기는 세운 상가나 용산 전자 상가 등에서

판매하고 있다.

1366 여성전용 상담 전화

가정 폭력 피해자, 성 폭력 피해자, 미혼모, 윤락, 가출 등
으로 보호가 필요한 여성은 국번 없이 1366번을 이용한다.
1366번은 365일 24시간 운영하고 있다.

미용 관리

4. 미용 관리

올바른 온천욕

온천욕은 근육통, 만성 관절염 등 근육이나 골격계 질환에 가장 큰 효과가 있다. 더운 물이 경직된 근육, 관절을 풀어 줘 통증을 없애 주기 때문이다. 이 경우 입욕 시간은 20분 이내가 적당하다.

그러나 관절이 붓거나 열이 날 때는 금해야 한다. 삐거나 다쳤을 때도 부기가 빠진 다음에 해야 한다.

온천욕을 하고 나면 피부가 매끈해지는 데 이는 지질막과 피부 보호 기능이 있는 각질층이 제거되기 때문이며 하루 이틀 정도 지나면 피부가 다시 건조해진다. 그러므로 피부 미용에 적당한 입욕시간은 한 번에 10분 정도가 좋다.

온천욕으로 악화되는 피부질환은 얼굴이 붉은 안면 홍조, 딸기코, 얼굴에 실핏줄이 많아 보이는 혈관 확장 등이다. 피부가 건조한 노인이나 알레르기성의 악성 피부염을 보이는 아토피 환자도 온천욕을 자주 하면 좋지 않다. 피부가 붉어지고 가려워지기 쉽기 때문이다. 이런 환자는 목욕도 뜨겁지 않은 온도에서 가볍게 샤워만 한다. 그러나 유황 온천은 피부 습진 등 피부병에 도움이 된다.

올바른 사우나

떤 사람은 체중을 줄이기 위해서 사우나를 하는데 사우나를 하면 땀으로 칼슘, 칼륨, 마그네슘 등 몸의 필수 성분이 빠져 나간다. 건강한 사람도 사우나를 자주 하면 몸에 해롭고 음주 후에는 탈수가 더욱 심해지므로 피하는 것이 좋다.

적당한 사우나 횟수는 주 1회 이하이다. 운동을 하면서 땀을 흘리면 노폐물 등이 같이 배출되므로 체중을 줄이기 위해서나 건강을 위해서 부지런히 운동을 하는 것이 제일 좋다.

땀을 많이 흘린 뒤 뜨거운 사우나로 몸을 풀면 피부 미용의 측면에서는 매우 나쁘다. 땀으로 한껏 늘어난 모공이 뜨거운 열기에 더욱 늘어나 결과적으로 피부의 탄력을 빼앗아 버리기 때문이다. 땀을 많이 흘린 다음에는 가볍게 미지근한 물로 샤워만 하고 사우나는 세 시간 이후에 하는 것이 좋다.

⬤ 효과적인 목욕법

1. 육체 피로에는

섭씨 43~44°되는 더운 탕 안에 10분 정도 들어가 있으면 혈액 속의 피로 물질이 제거된다.

2. 만사가 귀찮아지고 정신적인 피로에는

섭씨 40° 정도의 미온탕에 오래 잠겨 있는 것이 좋으며 매일 잠들기 전에 규칙적으로 실시하면 더 효과적이다. 그러나 30분은 넘지 않도록 한다.

3. 무더운 여름철에는

여름에는 찬 물로 샤워를 하는 경우가 많은데 찬 물보다 더운 물로 하는 것이 좋다. 특히 샤워는 수압으로 몸을 자극하는 효과가 있으므로 가능한 한 수압이 높아야 좋으며 어깨와 무릎, 팔꿈치, 허리 등을 집중적으로 뜨거운 물로 샤워를 해준다.

4. 더위나 과로 때문에 잠을 이루지 못할 때

매일 샤워를 하는 사람도 일주일에 한 번 정도는 목욕탕의 뜨거운 물에 5~8분간 몸을 담그는 것이 좋다. 그러면 몸이 가벼워진다. 여름철에는 특히 해가 질 무렵에 가벼운 운동을 한 후 체온보다 약간 더운 물로 샤워를 하면 혈액 순환 촉진, 근육 이완이 돼 더위에 지친 몸과 마음의 피로를 풀어 주며 잠도 잘 잘 수 있게 된다.

1. 식후 30분 이내에는 소화 능력을 떨어뜨리므로 하지 않는다.
2. 목욕을 하기 전에 물을 한 컵 마시면 신진 대사를 촉진시켜 준다.
3. 사우나 후에는 청량 음료나 과일 주스, 우유를 마시지 않는 것이 좋다. 사우나로 빠진 체중이 다시 늘어날 수 있기 때문이다.
4. 매일 목욕을 하는 경우 때수건을 쓰지 않는다. 지나치게 때를 밀면 각질층이 벗겨져 피부를 거칠게 한다.
5. 잦은 비누 사용도 피부 표면의 지지막을 제거하므로 주의한다.
6. 목욕 후 몸은 마른 수건보다 젖은 수건으로 가볍게 닦고 체온으로 말린다.
7. 날씨가 추워지면 신진 대사가 떨어져 발 뒤꿈치, 팔꿈치, 무릎 등의 피부 각질층이 두꺼워지므로 정기적으로 각질 제거용 돌이나 브러시로 각질을 제거하고 보습 크림을 발라 준다. 레몬 조각으로 문질러 줘도 효과적이다.

비타민 C는 피부에 바르는 것이 효과적

 타민 C는 섭취할 경우 혈액을 통해 피부로 가는 양은 극히 미량에 지나지 않는다. 또 나이가 들수록 흡수율이 줄어든다.

그러나 피부에 직접 바를 경우 흡수율이 높다 효과적이다.

비타민 C는 피부 단백질인 콜라겐의 합성을 촉진시키고 피부에 탄력을 주는 단백질인 엘라스틴을 보호해 잔주름을 예방한다. 또 멜라닌 색소 생성이 과도해지는 것을 막고 자외선 차단 효과까지 있어 기미를 완화시키고 미백 효과도 있다.

그리고 여드름 피부나 햇빛에 타서 따끔거리는 피부를 진정시키기도 하는데 이는 항염증 작용이 있기 때문이다. 그러므로 신선한 과일이나 채소를 이용해 팩을 하는 것은 피부 미용에 좋다.

피부 미용에 효과적인 팩으로는 오이, 사과, 키위, 오렌지 등 천연 과일이나 채소를 이용한다.

팩하는 요령

얼굴에 팩을 하면 어떤 값진 화장품을 사용하는 것보다 효과적이고 누구나 쉽게 할 수 있는 미용법이다.

팩을 하기 전에 뜨거운 스팀 타월로 모공을 넓혀 주면 비타민 C가 피부에 흡수되는 양이 훨씬 닿아진다. 마사지를 하고 더운 물수건을 얼굴에 올려놓았다가 마사지 크림을 닦아 낸 다음에 팩을 하면 더욱 효과적이다.

팩을 한 다음 20~30분간은 움직이지 않고 있다가 팩제가 마르면 미지근한 물로 씻어낸다. 다음에 차가운 물로 헹구고 기초 화장품을 바르면 된다.

팩을 한 후 1~2시간 동안은 화장을 하지 않는 것이 좋고 밤에 잠자기 전에 하는 것이 낫다. 팩은 일주일에 1~2회가 적당하다.

● 여러 가지 천연 재료를 이용한 팩

1. **키위팩** — 비타민 C가 풍부하고 미백 효과가 있다. 키위를 강판에 갈아 즙을 낸 후 레몬즙과 에센스 1~2방울을 섞어 바른다.
2. **수박팩** — 피부 진정 및 보습 효과가 우수하다. 수박 껍질 안쪽의 하얀 부분을 저며 피부에 붙이거나 껍질을 갈아 수박즙과 밀가루를 섞어 바른다.
3. **포도팩** — 기미, 주근깨, 잡티 제거에 좋다. 포도 껍질과 씨를 제거하고 알갱이만 으깬 다음 에센스를 1~2방울 섞어 쓴다.
4. **오이팩** — 오이를 반 개 정도 갈아 오트밀, 레몬즙을 조금 섞어 바른다. 오이는 햇볕 때문에 화끈거리는 피부에 청량감을 주고 미백 효과가 있다.
5. **오트밀** — 오트밀 한 숟가락에 우유를 적당하게 섞어 바른다. 오트밀은 자극이 없어 팩의 기본 재료이다. 각종 미네랄 성분이 풍부해 피부의 신진 대사를 촉진시키고 지성 피부에 효과적이다.

6. **꿀+계란팩** ― 빠른 시간에 효과를 볼 수 있다. 건성 피부나 지치고 늘어진 피부에 좋다. 계란 노른자 한 개, 꿀 한 작은술, 레몬즙 한 작은술을 섞어 바른 후 피부가 약간 당겨올 때 덧바른다.

7. **꿀+요구르트팩** ― 지성 피부의 불규칙적인 피부 상태를 개선하는 데 효과적이다. 플레인 요구르트 두 숟가락, 물 한 숟가락, 밀가루 약간을 잘 섞어 얼굴과 목에 바르고 15분 후 씻어낸다.

8. **에센스팩** ― 건성 피부에는 수분과 유분의 균형 있는 공급이 필요하다. 에센스 6~8방울을 얼굴 위에 떨어뜨려 얼굴 전체를 마사지하면서 흡수시킨다. 그 다음 눈, 코, 입 부위를 오려낸 비닐랩을 얼굴에 밀착시키고 스팀 타월을 10분간 얼굴에 올려 두었다가 벗긴다. 그러면 피부가 매끈해진다.

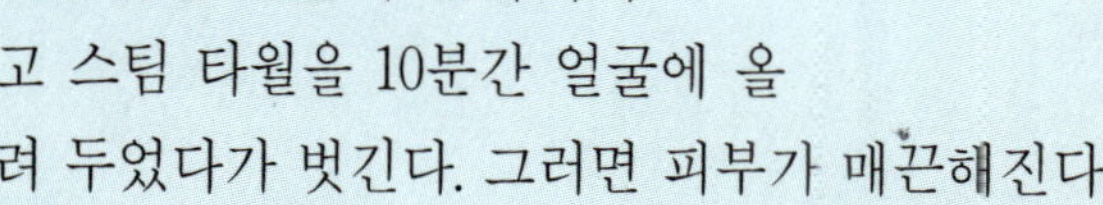

9. **꿀+참기름팩** ― 건성 피부의 노화를 방지하는 데 효과적이다. 계란 노른자 한 개, 참기름 1/2숟가락, 꿀 한 작은술, 밀가루 적당량을 섞어 얼굴에 바른 다음 15분 후에 세안한다.

달걀로 팩할 때의 주의점

달걀로만 팩을 하면 가려움증이 생기거나 얼굴에 무엇이 돋는 경우가 있으므로 배합 방법을 정확히 알아서 사용한다.

건성 피부에는 흰자만 사용하고 지성 피부에는 노른자를 쓰는 것이 좋다. 달걀에 설탕 한 찻숟가락과 밀가루 한 찻숟가락을 넣어 곱게 저어서 바르면 된다. 이때 비타민 정제 두 알을 빻아 넣으면 더욱 효과적이다.

올바른 마사지법

마사지를 함부로 하면 오히려 잔주름의 원인이 될 수 있다. 마사지가 피부에 좋은 것은 사실이나 민감한 부분에 강하게 마사지를 하면 피부 표면을 상하게 하고 주름도 생길 수 있기 때문이다.

마사지란 얼굴 근육의 흐름에 따라 근육을 움직이듯이 부드럽게 해야 한다. 마사지 크림을 조금 발라 중지와 약지를 사용해서 손놀림을 천천히 한다.

얼굴과 목 마사지는 약 15분 정도가 좋으며 마사지를 한 다음 팩을 해도 효과적이다.

마사지할 때 주의할 점은 화가 나거나 바쁜 시간에 하지 않

는다는 것이다. 모든 일이 끝나고 마음이 편안한 저녁 시간을
이용한다.

마사지 크림은 많은 양을 바르면 오히려 마사지 효과가 전달
되는 정도가 약해지므로 적은 양으로 하는 것이 좋다.

마사지 크림이 따로 없을 때는 로션으로 해도 되고 영양 크
림도 좋다. 영양 오일이 있으면 영양 크림 위에 덧바르면서 마
사지해도 좋다.

부위별 마사지법

여자의 경우 엉덩이와 넓적다리 피부는 늘어지기 쉽다.
이 부분의 근육을 자극해 탄력을 줘 보자.

아랫배는 손바닥을 교대로 아랫배에서 가슴 밑까지
쓸어 올린다. 그러면 늘어지지 않고 허리가 매끈해진다.

엉덩이는 양 손바닥으로 아래에서 위로 끌어올려 주듯 마사
지해 피부와 근육에 자극을 더해 준다.

손바닥을 교대로 아랫배에서 가
슴 밑으로 쓸어 올린다.

양 손바닥으로 히프를 아래에서
위로 끌어 올린다.

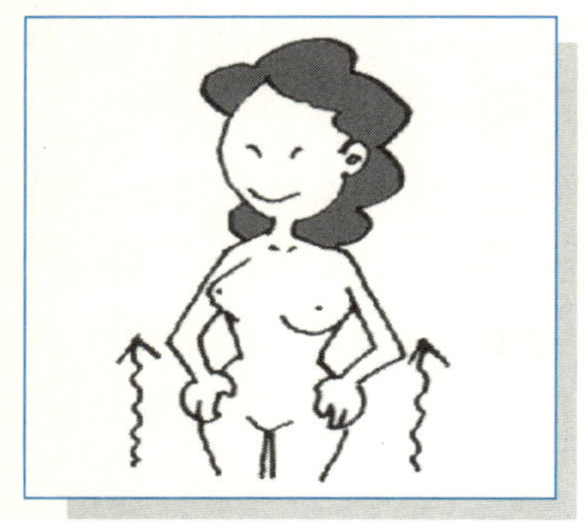

양 손바닥으로 골반을 좁히듯이
누르며 아래에서 위로 끌어 올린다.

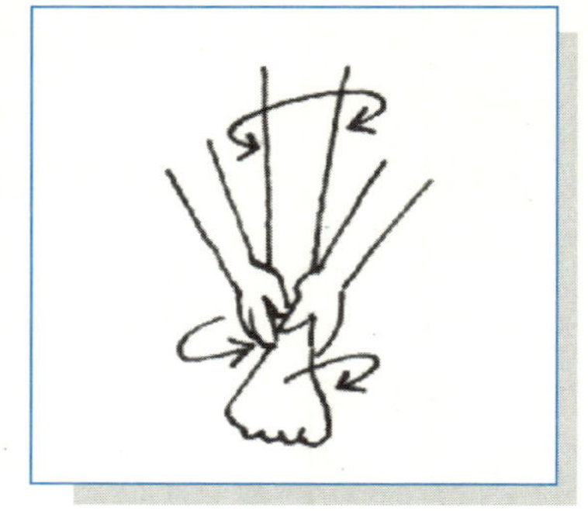

다리를 꽉 잡고 다리 전체를
비틀듯이 돌리며 마사지한다.

피부에 생기를 주는 세안법

너무 더운 물로 세안하면 피부의 단백질과 수분까지 빼앗겨 잔주름이 생기는 원인이 된다. 그렇다고 너무 차가운 물로만 세안을 해서도 안 된다.

제일 좋은 세안법은 먼저 미지근한 물로 씻어 모공을 열어 주어 노폐물을 제거한 후 찬 물로 마무리하는 것이다. 한결 피부에 생기가 돌게 된다.

건성 피부일 때는 아침에 물로만 세안하고 지성 피부일 때는 하루 2~3차례 비누로 세안한다. 비누는 충분히 거품을 내 사용한다.

얼음물에 담그면 모공이 좁혀진다

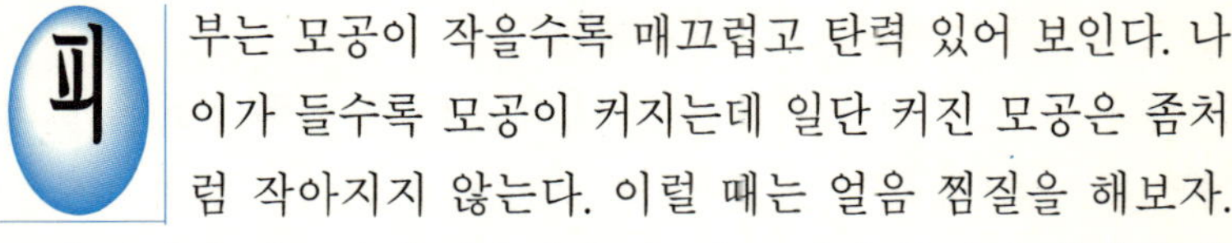

부는 모공이 작을수록 매끄럽고 탄력 있어 보인다. 나이가 들수록 모공이 커지는데 일단 커진 모공은 좀처럼 작아지지 않는다. 이럴 때는 얼음 찜질을 해보자. 특히 봄부터 여름까지 기온이 높을 때는 피지 분비가 왕성해 더욱 효과적이다.

운동을 하거나 땀을 많이 흘린 뒤에는 모공이 팽창되어 있는데 이때 얼음 찜질을 해주면 모공을 수축시켜 피부가 탄력 있어진다. 가을과 겨울철에도 찬 물로 얼굴을 톡톡 두들겨 패팅해 준다. 얼굴에 콜드 크림을 바르고 얼음물에 얼굴을 담갔다가 숨이 차면 뺀다. 이것을 여러 번 반복해야 하는데 최소 20~30분 정도 하는 것이 좋고 가능한 오래할수록 효과가 크다.

입술이 틀 때

술이 트고 각질이 일어나면 립스틱을 발라도 지저분해 보인다. 이럴 때는 에센스와 영양 크림을 2 대 1의 비율로 섞어 바르고 5분쯤 랩을 씌운 후 스팀 타월로 1분 정도 뜨거운 증기를 쐬어 주면 각질이 제거된다.

찬 바람에 얼굴이 자주 빨개질 때

바람을 쐬면 얼굴이 잘 빨개지는 것은 혈액 순환이 나쁘기 때문이다. 이런 사람은 따뜻한 물수건을 대략 5분 정도 얼굴 위에 얹어 놓는다. 그런 다음 마사지 크

림을 조금 덜어 손가락 끝을 사용해서 뺨을 두드리듯이 마사지
한다. 그러면 혈액 순환이 좋아진다.

계란, 우유, 녹황색 채소 등은 비타민 B_2가 많은 식품인데 비
타민 B_2는 혈액 순환을 원활하게 해주므로 많이 섭취하도록 한
다.

얼굴이나 콧등에 기름기가 많아 검게 보일 때

등에 땀구멍이 두드러지거나 얼굴에 기름기가 많아
검게 보일 때는 먼저 올리브 기름을 바른 후에 고운
소금이나 미용염을 가제에 묻혀 살살 문지르면 깨끗
해진다.

눈가의 잔주름을 예방하려면

가에 생기는 잔주름을 예방하
려면 피부에 수분을 충분히
공급해 주어야 한다. 눈 주
위는 땀의 분비가 적어 피부가 건조
해져 있기 때문에 특히 잔주름이 생
기기 쉽다.

눈 주위의 뼈 부분을 손가락으로
누르듯이 마사지를 한 다음 유연 화장
수를 화장솜에 충분히 묻혀 눈가에 올려
놓는다. 피부는 유분보다 수분을 더 좋아한다.

얼굴의 흉터는

얼굴에 상처나 부스럼이 나면 한동안 보기 흉한 흉터로 남게 된다. 이럴 땐 달걀을 가스 레인지에 살짝 데워 흉터에 대고 살살 문질러 보자. 달걀이 식으면 다시 데워서 문지른다. 이렇게 여러 번 반복하면 어느 틈엔가 흉터가 없어진다.

윤기 나는 머릿결 만들기

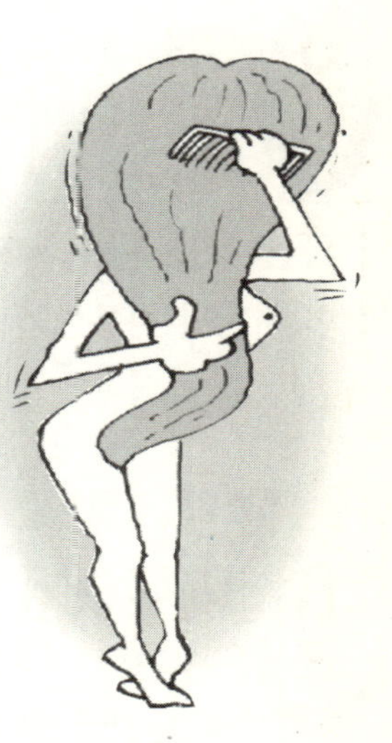윤기 나는 머릿결을 만들려면 샴푸를 하기 전에 50회 이상 빗질을 정성껏 해준다. 그러면 두피에 쌓인 먼지와 노폐물, 비듬 등이 제거되며 혈액의 흐름이 촉진되고 피지 분비가 원활해져 윤기 있는 머릿결이 된다.

샴푸 후에는 빗질을 하지 말고 굵은 빗이나 손가락으로 가볍게 빗어 내리는 것이 좋다.

건조시에는 드라이어는 사용하지 말고 물기를 자연스럽게 말린다.

일주일에 한 번은 트리트먼트를 한다. 트리트먼트는 샴푸 후에 머리카락을 타월로 감싸 물기를 제거한 다음 발라 준다. 그런 다음 스팀 타월을 머리에 해주면 더 효과적이다. 씻어내지 않은 트리트먼트는 약간의 정발력도 지니고 있어 일석이조이다. 트리트먼트는 모발의 주성분인 단백질을 보충시켜 손상된 모발에 영양과 수분을 공급해 주는 역할을 한다.

　브러시 선택은 연한 머리에 윤기를 내려면 돼지털이 좋고 나일론으로 된 브러시는 빳빳한 머리와 두피에 자극을 주는 데 좋다. 김과 미역은 머리칼을 윤택하게 한다.

손에 묻은 기름때는 설탕으로

　음식을 요리하거나 설거지를 하고 나면 손에 기름이 묻게 된다. 비누로 손을 씻어도 이 기름때는 잘 빠지지 않는다. 손의 기름때가 제대로 지워지지 않은 상태에서 다른 일을 하거나 세안을 하면 찜찜하다. 손에 설탕을 묻혀 몇 번 비비면 기름때가 깨끗이 빠진다.

손을 예쁘게 관리하는 법

　설거지나 빨래 등 물일을 하는 주부는 손이 마를 날이 없다. 얇은 면장갑을 낀 다음 고무장갑을 그 위에 끼면 물일을 많이 해도 손이 거칠어지는 것을 예방할 수 있다. 물일을 마친 다음에는 손을 잘 닦고 핸드 크림으로 마사지를 한다.

　손도 얼굴과 마찬가지로 얼굴 화장을 할 때 반드시 함께 손질한다. 손이 심하게 거

칠어져 있을 때는 밤에 영양 크림을 손에 듬뿍 바르고 얇은 면
장갑을 끼고 잔다. 아침에 일어나면 한결 부드러워진 손을 볼
수 있다.

화장을 곱게 하려면

화장을 할 때 기초 손질이 끝
난 다음 파운데이션을
바르는데 그 전에 자기
피부에 맞는 메이크업 베이스를
발라 준다. 화장을 하면 피부색
이 변할 수 있는데 메이크업 베
이스가 이를 어느 정도 예방해
주기 때문이다.

파운데이션을 바른 다음에는 콤
팩트보다 가루분, 즉 파우더를 꾹꾹
눌러 주듯이 바르면 피부가 고와 보인다.
그런 다음 큰 붓으로 파우더를 살짝 털어 준다.

보통 피부 표현을 투웨이 케이크 하나로 하는 사람들이 많은
데 투웨이 케이크는 여름이나 지성 피부인 사람한테는 괜찮지
만 피부가 건성인 사람은 사용하지 않는 것이 좋다.

색조 화장도 파우더까지 끝난 다음 그 위에 한다. 만약 눈가
에 아이 펜슬이나 색조 화장이 번졌다면 피부에 화장품이 착색
될 염려가 있으므로 손으로 닦아 내지 말고 항상 화장지나 면봉
으로 수정하도록 한다.

눈 밑에 잔주름이 있을 때의 화장법

 가에 잔주름이 있을 때는 파운데이션을 얇게 발라야 한다. 눈 화장을 할 경우에는 아이 라인과 마스카라를 선명하게 해준다. 아이 라인은 펜슬 타입으로 그린 후 그 위에 액상 타입으로 덧그려 주는 것이 좋다.

마스카라를 깨끗하게 칠하는 법

 스카라는 눈 옆에 잘 닿아 깨끗이 칠하는 데 애를 먹는다. 일회용 스푼이나 아기 약 먹일 때 쓰는 플라스틱 스푼을 준비해서 속눈썹 위에 대고 마스카라를 칠하면 쉽고 깨끗하게 칠할 수 있다.

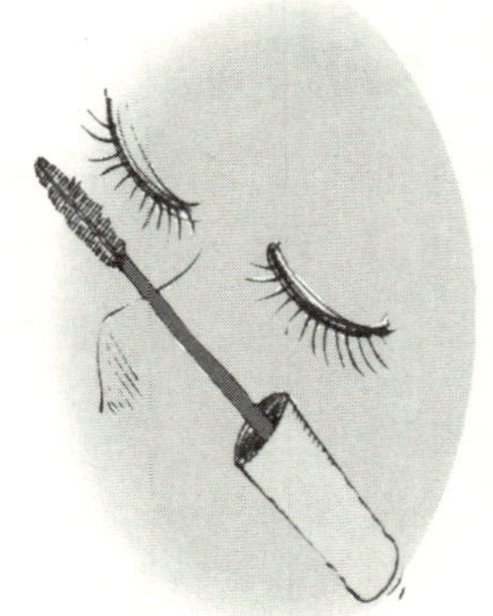

한복 입을 때의 화장법

 복을 입을 때는 다음과 같이 피부 표현을 해 보자. 먼저 피부색과 같은 파운데이션을 얼굴 전체에 골고루 바른 다음 가루분으로 마무리를 해준다. 한복을 입으면 목이 훤하게 다 보이므로 목에도 파운데이션을 발라 주어 경계선이 생기지 않도록 주의해야 한다.

눈썹은 초승달처럼 온화한 곡선으로 그리고 입술은 저고리의 포인트 색상보다 한 단계 차분한 색으로 곡선 처리해 여성적인 느낌을 살린다.

장신구나 목걸이는 하지 않는 것이 좋으나 귀걸이 정도는 괜찮다. 그러나 너무 치렁치렁한 느낌의 귀걸이는 피한다.

머리 모양도 위로 올리든지 뒤로 단정히 묶어 부드러운 곡선의 느낌으로 마무리한다.

화장을 고쳐줄 때

피부 화장이 들뜨는 원인은 피지와 땀 때문이다. 화장이 들뜨는 것을 감추기 위해 자꾸만 덧바르면 자신도 모르는 사이에 화장이 두터워지고 뭉치게 된다. 화장을 고칠 때는 우선 들뜬 부위는 깨끗한 퍼프로 닦아 내고 투웨이 케이크를 소량만 묻혀서 톡톡 두드리듯이 발라 주어야 곱게 표현된다.

땀을 닦을 때도 티슈를 넓게 펴서 얼굴을 감싸듯이 가볍게 눌러 흡수시켜 준다.

화장을 오래 지속시키려면

화장을 오래 지속시키려면 무엇보다 철저한 세안으로 모공 속의 더러움과 피지를 제거한 후 피부가 매끄러워진 상태에서 파운데이션을 발라야 한다. 이렇게 해야 화장도 곱게 표현된다.

피부가 거칠거나 건조할 때는 화장을 하기 전에 수렴 화장수를 화장솜에 충분히 적신 후 가볍게 두드리듯이 얼굴을 패팅해 준다. 그러면 피지 분비가 억제되어 화장이 곱게 밀착되고 오래 지속된다.

립스틱을 오래 지속시키려면

스틱을 선명하게 오래 지속시키려면 먼저 파운데이션을 입술 위에까지 바른 다음 립스틱을 발라 주고 다시 한 번 파우더로 살짝 눌러 준다. 그런 다음 립스틱을 브러시로 다시 발라 주면 오래 지속된다.

유연 화장수와 수렴 화장수

부는 유분보다 수분을 더 좋아한다. 유연 화장수는 피부 보습에, 수렴 화장수는 탄력과 피지 조절이 목적이다.

눈가 잔주름에는 유연 화장수를 화장솜에 듬뿍 묻혀 눈가에 얹고 15분 정도 마스크해 주면 더욱 좋다. 티존 부위나 화장이 들뜰 때는 수렴 화장수를 화장솜에 듬뿍 묻혀 마스크해 주거나 두드리듯 패팅해 주면 어느 정도 예방할 수 있다.

외출시 에센스는 꼭 챙긴다

출이나 회사 근무중에 피부가 당기는 건조 현상이 느껴지면 에센스 한 방울을 손등에 떨어뜨려 화장한 얼굴 위에 살짝 바른다. 그러면 화장이 흐트러지지도 않으면서 건조 현상이 사라진다.

날씨가 건조해지면 피부도 습기를 잃어 노화의 원인이 되므로 항상 에센스를 가지고 다니며 이렇게 수시로 수분을 보충해 주자.

얼굴에 뿌리는 워터 스프레이는 일시적인 보습만 된다. 워터 스프레이에 에센스를 섞어 사용하면 피지막을 형성해 주는 효과가 있다.

효과적인 자외선 차단법

살 속에 도사리고 있는 자외선 A는 즉시 부작용을 일으키진 않지만 오랜 시간 피부가 노출되면 피부노화를 유발하고 기미나 주근깨 등 잡티가 생긴다.

스키장의 눈과 바닷가의 바닷물도 자외선의 85%를 반사시키기 때문에 스키장에 갔을 때나 바닷가에 갔을 때 자외선 차단 크림을 바르는 것은 필수적이다.

겨울 햇살도 안전하지 않다. 자외선의 강도는 약하지만 파장이 길어 자외선 A의 경우 지표면에 도달하는 전체 양은 여름철과 같으므로 피부 관리를 위해서 일년 내내 자외선 차단 크림을 지속적으로 사용하는 것이 낫다.

보통은 자외선 차단 지수(SPF) 15 이상이면 되고 스키장이나 여름철에는 자외선 차단 지수가 25 이상인 것을 바른다.

특히 여드름 자국이 있거나 외상 등 상처가 있는 피부는 잡티가 더욱 잘 생기므로 잘 관리해야 한다.

오존이란?

 존은 자동차 배기 가스에서 나오는 물질과 태양 광선이 작용해서 발생한다.

피부가 오존에 노출되면 피부 세포가 파괴되고 피부를 빠르게 노화시킨다.

자외선은 해가 지면 없어지지만 대기 오염은 피하기 쉽지 않다. 그러므로 유해 산소를 제거해 주는 기능이 있는 비타민 A, C, E 등이 많이 함유된 화장품을 사용하는 것이 좋다.

땅콩, 호두, 잣, 녹색 채소 등 비타민 E가 많이 함유된 식품을 충분히 섭취하는 것도 피부 노화 방지에 도움이 된다.

외출에서 돌아온 후에는 곧바로 화장을 지워야 한다

 장을 하고 서너 시간이 지나면 화장 성분이 피지나 땀과 섞여서 피부를 자극하는 물질로 변한다.

화장을 예쁘게 하는 것도 좋지만 언제까지나 고운 피부를 갖고 싶으면 외출에서 돌아와 바로 피부를 깨끗이 하는 것이 더 중요하다.

◯ 간단한 미용 상식

1. 아름다운 피부를 가지려면 항상 균형 있는 식사를 하고 자외선을 차단하고 피부의 건조를 막아야 한다.
2. 손으로 찰싹찰싹 때리는 패팅을 얼굴에 해주면 근육을 단련시켜 주름살 예방에 도움이 된다. 10분씩 하루 2, 3회 실시한다. 샤워기를 얼굴에 대도 같은 효과를 얻을 수 있다.

3. 수렴 화장수 아스트린젠트는 냉장고 속에 넣어 두는 것이 효과적이다.
4. 짜게 먹으면 주름살이 생기고 머리카락 숱도 적어지고 윤기도 없어진다.
5. 수압으로 샤워를 해주는 것이 좋다. 수압이 강하면 혈액 순환을 원활하게 해서 피부를 탄력 있게 해 주는 효과가 있기 때문이다.
6. 밀가루로 팩을 하면 표백 작용으로 미백 효과가 있고 우유, 요구르트 등 효소팩은 노폐물을 분해하는 작용을 한다.
7. 레몬이 남으면 팔꿈치 등 거친 피부에 문질러 준다.
8. 화장할 때 사용하는 스펀지는 자주 따뜻한 물에 비누로 잘 씻어 말려서 사용한다. 세균이 번식할 수 있기 때문이다.

남성의 피부 관리

피부 관리의 첫번째는 깨끗한 세안이다. 세안할 때는 미지근한 물로 씻고 비눗물이 남아 있지 않도록 충분히 헹군다. 그런 다음 차가운 물로 마무리한다.

면도를 할 때도 더운 물로 세안한 후 털이 부드러워지면 면도용 거품을 사용한다. 세안 후 자극적인 애프터 셰이브 로션보다 보습제를 바르는 것이 피부에 좋다.

일주일에 한두 번은 로션으로 마사지를 해주자. 건성 피부인 사람은 에센스를 발라 수분을 공급해 주고 티존 부위는 검은 피지가 뭉쳐 있기 쉬우므로 전용 코팩을 해 코피지를 제거해 준다. 손톱으로 억지로 짜면 코끝이 붉어지고 딸기코처럼 될 수 있으므로 주의한다.

깨끗한 인상을 주기 위해서 눈썹과 눈썹 사이에 난 잔털도 깔끔하게 제거해 주고 특별한 날 피부를 매끈하게 보이고 싶으면 연두색 메이크업 베이스와 자신의 피부색보다 약간 어두운 리퀴드 파운데이션을 섞어서 얇게 바른 다음 파우더로 가볍게 눌러 주면 훨씬 깨끗해 보인다.

◯ **화장품별 보관 기간**

화장품 명	보관 기간
마스카라, 파운데이션, 스킨 로션, 영양 크림 등 유분이 많은 제품	3~6개월
콤팩트, 트윈 케이크	1년
매니큐어	1~2년
향수	5년
립스틱	2~3년
야채팩, 머드팩	1년 정도

화장품 사용시 주의 사항

까워서 버리지도 못하고 쓰자니 조금 이상해서 버리지 않고 그냥 쌓아 두는 화장품이 많은데 구입시나 보관시 조금만 신경쓰면 이런 것들을 줄일 수 있다.

1. 색상이 바랬거나 냄새가 나는 것은 버린다.
2. 개봉한 지 6개월~2년이 지난 것은 버리는 것이 좋다.
3. 유분이 많은 것은 세균이 번식하기 쉬우므로 작은 것을 구입해서 쓴다.
4. 일단 손바닥에 덜은 내용물은 다시 용기에 넣지 않는다.
5. 화장품을 보관할 때는 습기가 많고 온도가 높은 곳과 직사광선은 피해야 한다. 공기와 차단되도록 뚜껑을 꼭 닫고 건

조하고 서늘한 곳에 보관한다.

매니큐어 뚜껑을 굳지 않게 하려면

 니큐어를 오랫동안 사용하지 않으면 병마개가 굳어져 잘 열리지 않는다. 병마개 안쪽과 병 입구에 콜드크림을 조금 발라 두면 힘들이지 않고 열 수 있다.

마스카라가 굳어 버렸을 때

 스카라가 굳어 버렸을 때, 그냥 버리기에는 너무 아깝다. 이럴 때는 올리브 기름이나 스킨, 베이비 오일을 섞어 잘 흔들어 주면 다시 쓸 수 있다. 무엇보다도 사용한 후에는 뚜껑을 꼭 닫아 두어야 한다.

향수의 사용과 보관법

히 향수를 겨드랑이 같은 곳에 뿌리는데 그 이유는 무엇일까 ?

향수는 햇볕을 받으면 피부에 얼룩이 지기 쉽고 광선에 닿으면 탁해지고 냄새가 변한다. 또 공기에 접하게 되면 산화될 수 있기 때문에 햇볕이 잘 닿지 않는 귓불 뒤나 겨드랑이, 블라우스 아랫단 안쪽, 넥타이 뒷면, 바지단, 재킷 안 등에 뿌린다.

사용 후에는 뚜껑을 잘 닫아 주고 뚜껑 주위에 향수가 조금이라도 흘러나와 있으면 깨끗이 닦아 주는 것이 좋다.

직사광선은 피하고 서늘한 곳에 보관해 둔다. 특히 여름철에
는 향수가 땀냄새 등 체취와 섞이면 향이 변하기 때문에 향수 사
용 후 30분~1시간 정도 지난 후의 향이 자신에게 맞는지 살펴봐
야 한다. 향수는 습도가 높으면 오래 지속되고 온도가 높아지면
강해지는 성질이 있으므로 여름에는 연한 향이 좋다. 땀이 많이
나거나 체취가 강한 사람은 향수 사용을 자제하는 것이 좋다.

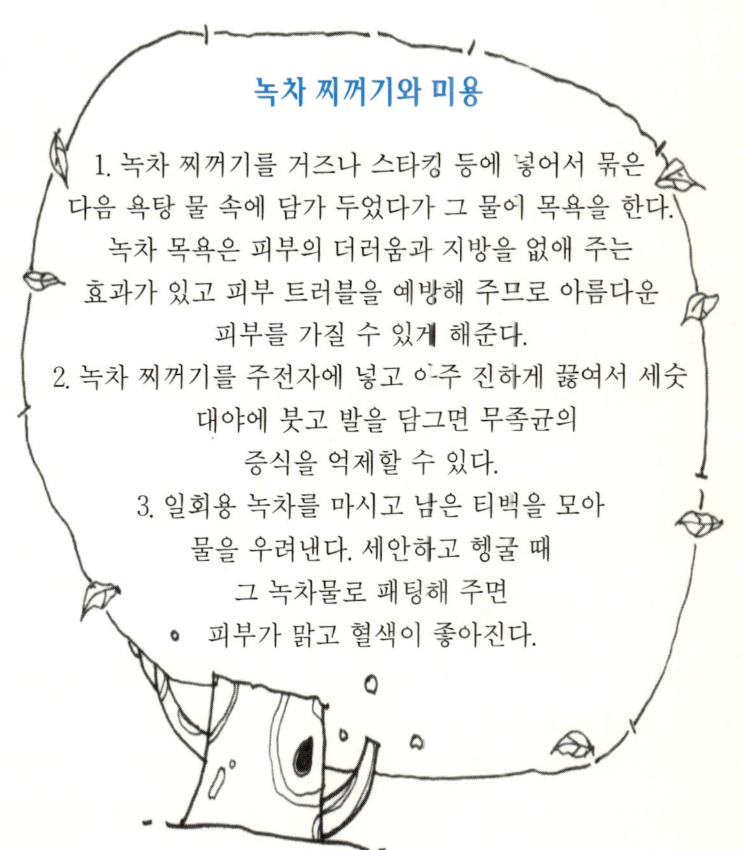

녹차 찌꺼기와 미용

1. 녹차 찌꺼기를 거즈나 스타킹 등에 넣어서 묶은
다음 욕탕 물 속에 담가 두었다가 그 물에 목욕을 한다.
녹차 목욕은 피부의 더러움과 지방을 없애 주는
효과가 있고 피부 트러블을 예방해 주므로 아름다운
피부를 가질 수 있게 해준다.
2. 녹차 찌꺼기를 주전자에 넣고 아주 진하게 끓여서 세숫
대야에 붓고 발을 담그면 무좀균의
증식을 억제할 수 있다.
3. 일회용 녹차를 마시고 남은 티백을 모아
물을 우려낸다. 세안하고 헹굴 때
그 녹차물로 패팅해 주면
피부가 맑고 혈색이 좋아진다.

소금과 피부 미용

소금의 미용 작용은 아직 과학적으로 규명되지는 않았지만 옛부터 피부에 염증이 있을 때 볶은 소금을 물에 타서 바르곤 했다.

소금은 살균, 소염 효과뿐 아니라 각질 제거 작용도 해 세안용이나 목욕용으로 사용하면 피부가 매끄럽고 촉촉해진다. 시중에서 판매되는 미용염은 세척, 영양 공급, 원적외선 방출, 살균, 소독 효과 등과 몸 속의 노폐물을 제거하고 혈액 순환을 원활하게 하는 등 군살 제거 효과까지 있다고 한다.

또 욕조에 40° 이상의 뜨거운 물을 받아 두고 천일염을 서너 숟가락 정도 넣어 녹인 후 10~15분 정도 몸을 담그면 노폐물이 제거되고 피부결이 한결 부드러워진다고 한다.

그러나 건성 피부 등 민감성 피부에는 부작용이 생기기도 하므로 함부로 사용하지 않도록 한다.

여드름이 생기는 이유

여드름은 사춘기가 되면서 호르몬의 분비가 활발해져서 생기게 된다. 특히 생리 때는 더욱 심해진다.

또 변비가 생기면 배설되어야 할 대변이 장에 쌓이게 되고 영양소를 흡수해야 할 대장이 독소를 흡수하여 그 독소를 피지선으로 피지와 함께 몸 밖으로 배출하려 드는데 이 독소가 바로 여드름의 원인이 되는 것이다. 그러나 사춘기 때 생기는 여드름은 자연히 없어진다.

여드름을 치료하려면

여드름 치료에는 끊임없는 주의가 최고이다. 다음의 것들만 잘 지키면 깨끗한 피부를 가질 수 있다.

1. 더러운 손가락이나 손톱으로 여드름을 만지면 악화의 원인이 된다.
2. 정신적인 스트레스를 없애고 밤에는 잠을 충분히 잔다.
3. 피지의 분비를 자극하는 커피, 초콜릿, 땅콩 등은 피하고 쑥갓, 파슬리 등 녹색 야채와 과일, 특히 비타민 B_2, B_6, 무기질, 녹말을 많이 섭취한다.
4. 여드름이 벌겋게 부풀었거나 하얗게 고름이 생겼을 때는 소독용 알코올로 닦아 내고, 여드름이 연필심 같은 검은 색이 되면 깨끗이 씻은 손으로 짜내고 그 위에 살균 효과가 있는 크림을 바른다. 잘못하다가는 흉터를 남길 수 있으므로 주의한다.
5. 특히 여드름이 많이 난 사람은 청결에 신경을 써야 한다. 미지근한 물로 하루 3~4회 정도 비누 세안을 한다. 만약

비누가 피부에 맞지 않을 때는 즉시 바꾼다.

6. 여드름이 났을 때는 화장을 하지 않는 것이 좋다. 잘못하다
   가는 얼굴에 흉터를 남길 수 있기 때문이다.

멋을 내기 위한 기초 상식

여름철에는 얇은 소재의 옷을 많이 입게 된다.
멋있게 차려입고 속옷의 색깔이 비치면 곤란하다.
속옷은 겉옷의 색에 맞춰 입도록 한다.
드레스 셔츠를 입을 때도 속옷의 색에
신경쓰도록 한다. 원래는 드레스 셔츠 속에
아무것도 입지 않는다. 양말도 구두와 옷의 색상에
맞춰서 선택한다. 평상시 양말 하나를 구입하더라도 자신
이 갖고 있는 옷의 종류와 색상에 맞는 것을 선택한다. 또
평소에 자신에게 어울리는 색상의 조화를 기억해 두었다
가 넥타이, 옷, 드레스 셔츠 등을 그것에
맞춰 구입하는 것이 좋다.
양복을 입을 때는 번쩍이는 목걸이나 팔찌,
캐주얼한 느낌의 시계 등은 하지 않는 것이 좋다.
넥타이 핀도 너무 화려한 장식보다는
산뜻한 디자인을 선택하도록 한다.

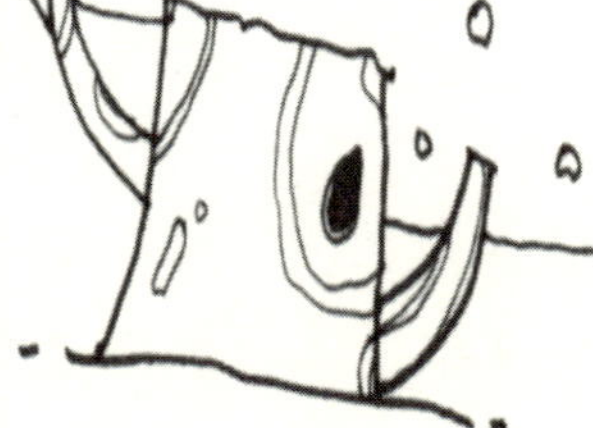

옷 색깔과 어울리는 보석들

 나의 보석을 하더라도 서로 조화를 이룰 때 아름다움이 더해진다. 보석과 옷의 색상은 어떤 것이 서로 잘 어울리는지 알아 보자.

갈색, 베이지색, 회색의 옷에는 에메랄드, 루비, 사파이어, 자수정이, 빨간색 옷에는 블루 사파이어가, 검정색, 짙은 자주, 청색 등의 어두운 색상에는 다이아몬드, 진주, 토파즈, 루비 등이 잘 어울린다.

한복을 입을 때는 진주, 비취, 산호 등이 우아한 조화를 이룬다.

목걸이도 체인과 펜던트의 균형이 잘 맞는 것이 중요하다. 가는 체인에 큰 펜던트, 굵은 체인에 작은 펜던트는 균형이 잘 맞지 않는다.

목이 굵은 사람이 짧은 체인에 커다란 펜던트를 하게 되면 더 굵어 보이므로 주의한다. 굵은 체인에는 큰 펜던트가, 가는 체인에는 작은 펜던트가 알맞다.

귀걸이도 둥근형의 얼굴에는 달랑거리는 것이 좋고 각진 얼굴에는 곡선을 강조한 단추형이 좋다.

브로치는 가슴이 큰 사람은 큰 것보다 작은 듯한 것을, 가슴이 작은 사람은 커다랗고 대담한 브로치를 달아야 잘 어울린다.

● 액세서리의 보관과 세척 방법

진주, 다이아몬드, 산호, 금 등의 보석은 보관도 잘 해야 하지만 가끔 한 번씩 손질해 줘야 한다.

보통 반지나 목걸이를 한 채 설거지나 빨래, 화장 등을 하는데 그러면 이물질들이 반지 틈에 끼고 화장품에 함유된 기름 성분이 달라붙어 보석의 광채가 약해진다. 보석은 집안 일과 화장이 끝난 후에 착용하는 것이 좋다. 특히 진주는 산에 약하므로 주의해야 한다.

보석을 보관할 때는 따로따로 하나씩 보관하는 것이 좋고 화장용 티슈나 탈지면에 싸 두는 것은 좋지 않다. 탈지면의 표백 작용 때문에 윤기가 사라지고 탈색될 염려가 있기 때문이다.

또 살충제나 향수 등에 의해서도 변색, 변질될 우려가 있으므로 사용시 주의한다.

무엇보다도 보석을 구입할 때 손질하는 방법을 배워 두고 기억하기 어려우면 메모해서 보석과 같이 보관하도록 한다.

다이아몬드 감정법

비싼 다이아몬드나 다른 보석을 구입할 때는 반드시 품질 보증서를 받아 두어야 한다.

다이아몬드를 구입할 때 전문가의 감정을 받을 수 있으면 좋겠지만 그렇지 못할 때를 대비해서 간단한 감별법쯤은 알아 두자.

1. 흰 솜 속에 넣어서 새하얀 가운데 푸른 기가 있으면 양질의 다이아몬드이다.
2. 입술에 대어 보아 찬 느낌이 들면 경도가 높은 것으로 양질의 다이아몬드이다.
3. 물을 한 방울 떨어뜨려 보았을 때 물방울이 흩어지면 표면 장력이 적은 것으로 좋은 다이아몬드라고 할 수 없다.

● 보석별 세척 방법

1. 진 주

보관이나 착용시 산성, 땀, 물, 세제, 손톱 등으로 인한 홈이 생길 수 있으므로 주의한다. 물이나 땀 등이 묻었을 때는 부드러운 천으로 한 알씩 닦아 준다. 특히 진주, 터키석, 오팔, 산호, 호박 등은 물을 싫어하는 보석이다.

2. 다이아몬드, 루비, 사파이어, 수정

미지근한 물에 중성 세제를 조금 타서 보석을 여러 번 흔들어 씻은 후 맑은 물에 부드러운 털로 된 솔로 문질러 주면서 헹군다. 그 다음 부드러운 천으로 물기를 닦아 낸다.

3. 금, 은

부드러운 천에 소다를 약간 묻혀서 정성껏 닦으면 광택이 난다. 금속류는 치약으로 닦아도 된다.

5 인테리어

5. 인테리어

스텐실하는 법

스텐실은 물건 모양을 본뜬 종이의 그림 부분을 잘라 내어 구멍을 내고, 이 위에 롤러로 눌러서 그림을 만드는 것으로 이를 응용하여 낡은 가구를 새롭게 변신시킬 수도 있고 벽에 그림을 그려 넣거나 액자로도 만들 수 있다. 천, 유리, 나무 등 어디에든지 다 작업할 수 있다.

사회 복지관이나 문화 센터 등에서 스텐실을 배울 수 있는데 수강료는 사회 복지관이 비교적 싸다.

그러나 그림에 소질이 있거나 시간이 없는 사람은 스텐실 기법책을 사서 배워도 괜찮다.

1. 물 감 — 수성 스텐실 물감은 색의 종류도 많고 색을 혼합하여 쓸 수도 있다. 크림 타입 물감은 보조제를 섞지 않아도 된다. 유성 스텐실 물감은 유리 등에 착색이 잘 된다.

2. 트레팔지와 투명 비닐 필름 — 트레팔지에 밑그림을 그린 후 본대로 도려내서 사용한다. 투명 필름은 한 가지 그림을 여러 차례 반복할 때 쓰면 좋다. 스텐실 재료를 판매하는 곳에 가면 그림이 그려진 본을 판매하고 있다.

3. 붓 — 끝이 평평하게 다듬어져 있어 고르게 칠해진다. 붓의 크기에 따라 여러 개를 준비하는 것이 좋다. 그러나 나무에 넓은 바탕을 칠할 때는 페인팅용 평붓이 좋다.

4. 마스킹 테이프 — 본을 고정시키거나 색을 스텐실할 때, 스텐실하는 무늬 이외의 구멍을 막을 때 사용한다.

5. 종이 타월 — 냅킨이나 키친 타월을 이용해도 된다.

6. 사 포 — 나무나 금속 등의 표면을 손질할 때 쓴다.

7. 팔레트 — 물감 농도를 조절할 때 쓴다.

8. 보조제 — 보조제는 소재에 따라 착색 효과가 떨어지거나 세탁 또는 습기 등 자극으로 인해 변색될 우려가 있을 때 아크릴 물감과 섞어 사용한다. 직물용 보조제(텍스타일 미디엄)와 목재용 보조제(우드 스테인) 또는 유리, 금속, 타일 등에 쓰는 다용도 보조제(실러)가 있다.

9. 마감제 — 스텐실이 끝난 후에 물감이 마르면 사용한다. 습기나 때가 덜 타도록 마감제를 사용하는 것이 좋다. 목재용 마감제(아크릴 바니시, 탑코트)가 있다.

10. 그외 고무판이나, 유성펜, 칼 등이 필요하다.

스텐실하는 순서

1. 먼저 그림을 정한다.
2. 원하는 밑그림에 트레팔지를 놓고, 색상별로 칼로 도려 낼 무늬는 실선으로 나머지는 점선으로 구분하여 표시한다.
3. 실선을 따라 본을 칼로 도려 낸다.
4. 본을 고정시키고 색상별로 스텐실한다. 보조제를 섞을 때는 물감과의 비율을 1 : 1로 한다. 물감이 마르지 않았으면 드라이어로 말리고 다른 곳에 스텐실할 본을 바꿔서 스텐실한다. 또는 마스킹 테이프로 도려 낸 구멍을 막고 스텐실해도 된다.

1. 사과는 실선, 꼭지와 잎은 점선으로 표시한다.

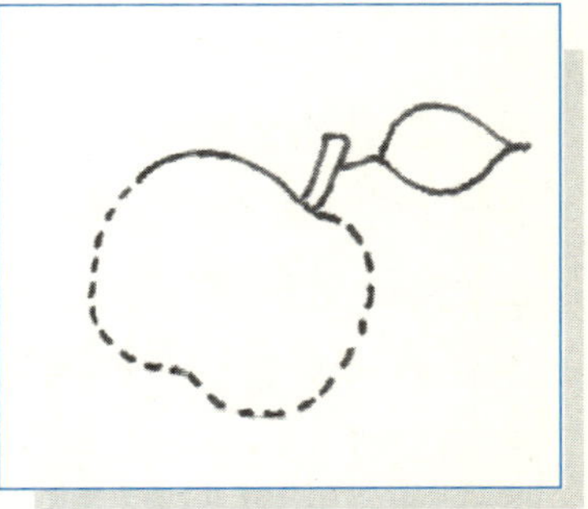

2. 사과는 점선, 꼭지와 잎은 실선으로 표시하고 1의 사과를 실선을 따라 칼로 도려낸다.

3. 붓에 노랑색 물감을 묻히고 키친 타월에 여러 번 닦아 낸 다음 사과 전체에 엷은 노랑색을 깔아준다.

4. 사과 테두리에 빨강색으로 스텐실하고 잎도 스텐실한다.

스텐실을 잘 하려면

1. 붓에 물감을 듬뿍 묻힌 다음 종이 타월에 여러 번 문질러 물감의 양을 조절한다. 붓이 축축한 느낌 정도면 수직으로 세워 스텐실을 한다. 붓을 톡톡 두드리면 모래알이 흩어져 있는 듯한 느낌이 들고 작은 원을 그리듯이 붓을 동글동글 문지르면 부드러운 느낌이 든다.

2. 한 가지 색으로 스텐실할 때는 음영을 살리기 위해서 색의 농담을 조절해 엷은 색부터 스텐실하고 바깥쪽은 짙게, 안으로 들어오면서는 차츰 엷게 음영을 주면서 스텐실한다.

3. 보조제를 섞을 때는 물감과의 비율을 1 대 1로 한다.

4. 천 위에 스텐실을 했을 때는 하루 정도 지난 후에 120°C 정도의 온도에서 다림질을 해준다.

5. 나무에 스텐실을 했을 때는 물감이 마르면 바니시나 탑코트 같은 마감제를 발라준다.

6. 두 가지 색으로 스텐실을 할 때는 밝고 연한 색을 먼저 스텐
   실하고 진한 색으로는 가장자리를 반복해서 스텐실을 하여
   입체감을 살린다.
7. 붓은 물이나 비눗물로 닦아 사용한다. 그러나 물감이 굳어 있
   을 때는 알코올로 닦으면 된다. 본도 마찬가지다.

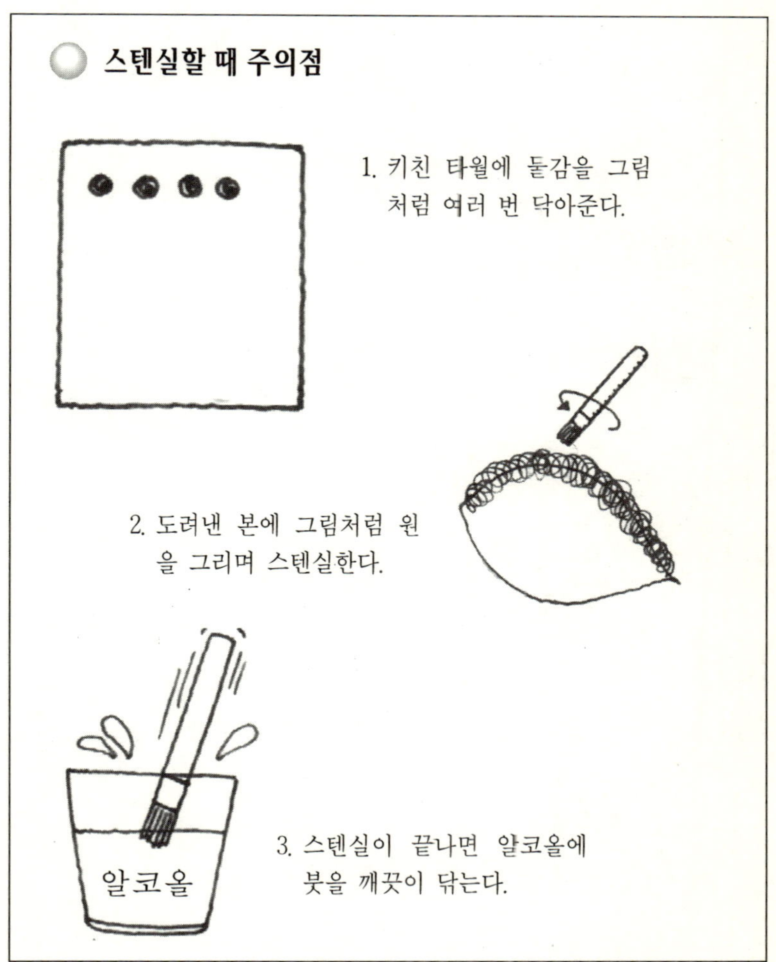

스텐실할 때 응용 그림

띠벽지 장식

물건이 많거나 소품이 많은 곳은 피하고 단조로운 공간에 포인트를 주기 위해서 시도해 볼 만하다. 띠벽지와 벽지의 색은 비슷한 계열로 하는 것이 좋다.

남은 띠벽지는 여러 가지 인테리어 소품으로 사용할 수 있다. 벽이 허전할 때나 어느 한 부분에 포인트를 주고자 할 때 이용한다. 그림을 참조한다.

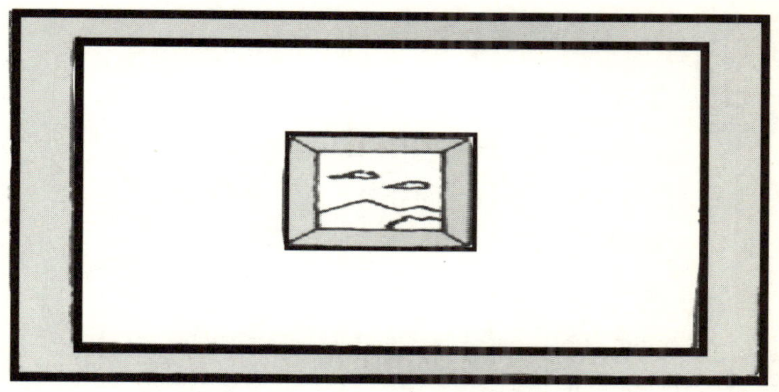

벽지의 종류

실크 벽지 ― 색상, 재질이 뛰어나고 제품이 다양하다. 벽지 표면에 얇은 코팅막이 되어 있어 오래 써도 변색되지 않고 다른 벽지보다 때도 덜 타며 벽지 자체가 방습효과를 지녀 습기가 많은 곳에도 사용할 수 있다.

발포지 ― 벽지 표면의 무늬에다 올록볼록한 입체감을 살린 것으로 대중적으로 많이 쓰인다. 종이 벽지보다는 고급스럽지만 1년 정도 지나면 변색이 되고 때도 잘 탄다.

직물 벽지 — 값은 비싸지만 부드럽고 질감과 촉감이 좋으며 방음 효과도 있어 아늑한 실내 분위기를 낼 수 있다. 그러나 물이 묻으면 탈색, 변색의 우려가 있고 때도 잘 탄다.

종이 벽지 — 가장 많이 쓰이는 것으로 값이 싸지만 1년 정도 지나면 변색이 되고 쉽게 오염된다.

접착 시트로 인테리어 모양내기

접착 시트는 DIY용품 코너에 가면 쉽게 구입할 수 있다. 접착 시트는 재단하기 쉽고 붙이기도 쉬워 요즈음 다양한 곳에 많이 쓰인다.

색상은 원색에서 파스텔톤까지 있으며 무늬도 원목, 대리석, 꽃무늬, 체크 등 종류가 다양하다.

활용 범위는 아이방이나 낡은 싱크대, 신발장, 가구에까지 매우 넓다.

시트를 붙일 때는 재단을 해서 붙이는 것보다 붙이고 나서 재단하는 것이 쉽고 깔끔하다.

모양을 내려면 접착 시트 뒷면에 그림을 그린 뒤 가위나 칼로 본대로 오려낸다. 그런 다음 뒷면 보호지를 벗겨내고 붙이면 된다. 붙이는 면적이 넓을 때는 보호지를 한꺼번에 벗겨 내지 말고 조금씩 붙이면서 떼어내야 깔끔하게 마감된다.

창문에 붙일 때는 먼저 창문을 깨끗이 닦은 후 물에 주방용

세제를 조금 풀어 창문에 바른다. 그런 다음 시트를 붙이고 수
건으로 공기를 빼내면 된다. 기포가 생겼을 때는 바늘로 구멍을
뚫어 제거한다.

폼포드지를 이용한 인테리어

 포드지는 문구류 판매점에 가면 구입할 수 있다. 허전한 공간이나 아이들의 방에 나무, 야자수, 바다, 물고기 등을 그려서 잘라 붙이면 된다.

⬤ 폼포드지 응용 그림

도배는 아래쪽만 해도 효과적

집안 전체를 도배하면 비용도 만만찮지만 시간도 많이 걸린다. 사람 손이 많이 닿는 아래쪽만 도배해도 집안 분위기가 한결 깔끔해진다.

비슷한 색상의 도배지로 아래쪽만 도배하고 띠벽지를 두르면 새로 도배한 것 같다. 이렇게 하면 시간도 절약되고 비용도 절감할 수 있다.

핸디 코트로 연출하기

핸디 코트는 건축 마감재로 실제 이름은 퍼티(putty)이다. 그러나 일반적으로 핸디 코트라 부르고 있다. 핸디 코트는 공해가 거의 없는 자연 물질로 이루어져 있고 화재시에도 유독 가스를 내뿜지 않는다. 무엇보다도 핸디 코트는 벽지 위나 나무, 벽돌 위에 그대로 사용할 수 있다. 페인트 가게 어디서나 쉽게 구할 수 있으며 벽지나 페인트와는 또 다른 분위기를 연출할 수 있다.

핸디 코트의 종류

1. 핸디 코트 워셔블 — 방수 기능이 들어간 제품으로 욕실, 부엌 등 습기가 많은 곳에 사용한다. 핸디 코트 워셔블은 일반 핸디 코트보다 바르기 쉽다. 그러나 가격이 조금 비싸다.

2. 핸디 코트 — 일반 핸디 코트는 바르기에 조금 뻑뻑한 감이

있으므로 물을 조금 섞어 쓴다.

3. 핸디텍스 — 롤러나 솔 모양의 도구를 이용해 무늬를 내고 싶을 때 사용하면 효과적이다. 일반 핸디 코트보다 패턴이 선명하게 살아난다.

4. 황토 핸디 코트 — 황토와 결합시킨 제품으로 짙은 브라운 색이다. 일반 핸디 코트와 섞어서 색을 조절해서 써도 좋다.

5. 아크릴릭 필러 — 접착력이 좋아 유리나 철판, 실외에서 사용하면 좋다. 충격에 강하다.

모양을 내기 위한 도구들

핸디 코트를 바르고 마르기 전에 롤러, 솔, 머리빗 등을 이용하여 부채꼴 모양이나 나름대로 무늬를 낼 수 있다.

핸디 코트를 바를 때 흙손을 사용하면 말끔하게 정돈된 느낌이 든다. 또는 고무 장갑을 끼고 그냥 발라 거친 느낌이 살도록 하는 것도 색다른 멋이 된다.

핸디 코트 색깔내기

핸디 코트에 도료를 섞거나 다 바른 다음 수성 페인트로 색을 만들어 덧발라 색깔을 낸다. 덧바르는 방법은 면적이 넓을 때 사용하면 좋다. 그러나 면적이 적을 때는 도료나 아크릴 물감을 섞어서 사용한다.

핸디 코트는 황토 핸디 코트를 제외하고 모두 흰 색으로 이루어져 있기 때문에 색을 원할 때는 위와 같은 방법을 사용한다.

그외 마무리 재료들

마스킹 테이프, 커버링 테이프 등도 페인트 가게에 가면 쉽게 구입할 수 있다. 이 테이프들을 원하는 부위에 붙여 사용하면 모양을 낼 수도 있고 다른 곳에 묻지 않도록 깔끔하게 마무리할 때도 사용한다.

스텐실하기

핸디 코트를 바른 다음 벽이 좀 밋밋하면 스텐실이나 아크릴 물감을 써서 그림을 그려도 되고 띠벽지 같은 느낌으로 그려줘도 된다. 그림을 참조한다.

1. 남은 핸디 코트는 음료수병이나 콜라병에 발라 꽃병을 만들 때 사용할 수 있다. 음료수병에 핸디 코트를 바른 다음 작은 구슬이나 조개를 붙이거나 끈 리본을 이용해 묶어도 예쁘다. 또는 아크릴 물감으로 그림을 그려 넣어도 좋다. 식용유병을 잘라 핸디 코트를 바른 다음 아크릴 물감으로 그림을 그려 넣는다. 그러면 화병이나 연필꽂이로 사용할 수 있다.

2. 여행중에 주워 온 조개 껍질을 큰 것, 작은 것 상관없이 핸디 코트와 섞어 화장실이나 벽에 포인트를 만들어도 재미있다.

3. 플라스틱 화분에 도료, 아크릴 물감을 핸디 코트와 섞어 색상을 만들어 발라도 표정이 달라진다.

4. 핸디 코트를 바른 다음 조개나 구슬을 붙일 때는 본드보다 접착력이 강한 글루건을 쓴다.

5. 작은 종이 상자가 있으면 핸디 코트를 발라 보석함을 만들어 보자. 꽃이나 구슬 리본을 붙여 주면 화려한 보석 상자가 된다.

1. 핸디 코트가 남아 보관할 때는 스프레
   이에 물을 넣어 살짝 뿌려 주고 비닐
   로 덮어서 밀폐해 보관한다. 이렇
   게 해 두면 오래 두고 쓸 수 있다.
2. 핸디 코트를 바르면 모서리가 생
   길 수 있으므로 아이들이 뛰어놀
   다 부딪쳐서 다칠 수 있다. 주의
   해야 한다.
3. 핸디 코트에 색상을 섞을 때는 조금
   씩 넣어 색상톤을 맞춰가며 쓴다. 미리
   도료를 다 넣어 버리면 원하는 색이 나오지
   않을 수도 있다.
4. 핸디 코트는 대부분 5kg, 15kg, 20kg, 25kg 포장으로 판매되고
   있다. 가격은 5kg이 4천 원대이고 20kg은 2단 원대이다.

욕실을 개조해 주는 곳

욕실은 개조하는 데는 많은 비용과 시간이 든다.
그러나 스프레이로 특수 페인트를 뿌려 새것처럼 만
드는 방법이 미국에서 개발돼서 국내에 소개되고 있
다.

　욕실의 색상도 원하는 대로 가능하고 가격은 1.5평일 때 일백
만 원 내외, 시간은 단색일 때 하루 정도면 되고 여러 색을 낼

때는 2~3일 정도 걸린다.

자세한 문의는 그린미라클메소드〈02) 581-4777〉로 하면 된다.

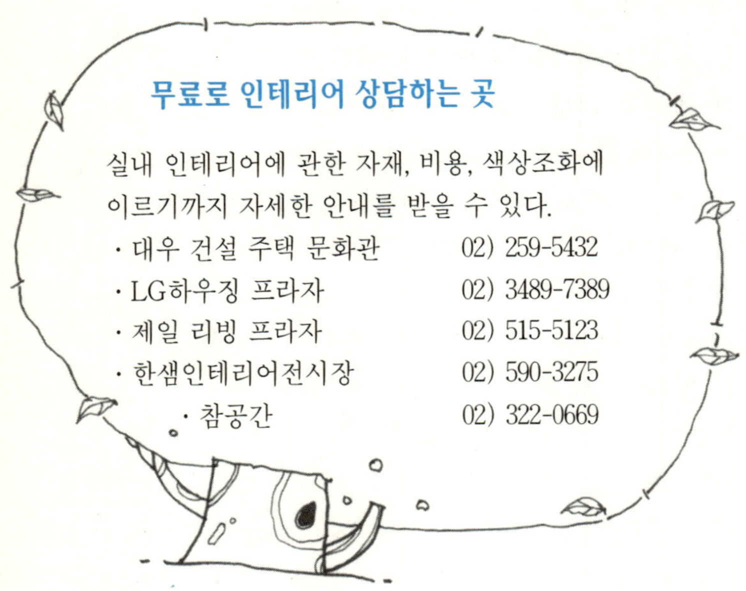

낡은 소파 천갈이

소파의 천갈이는 직접 천을 구입해서 만들거나 바느질 집에 맡겨 만든다. 또는 전문 리폼 업체에 맡겨도 된다.

그러나 여기서는 천을 직접 구입해서 박음질만 해서 덧씌워 보자.

3인용 소파의 경우 크기에 따라 10~13마가 필요하다. 천은 전문상가에서 집 안의 색과 조화를 생각해서 구입한다.

　그런 다음 소파의 길이에 맞춰서 자른 후 양끝을 접어박는다.
재봉틀이 없으면 바느질만 해주는 곳도 있으므로 그곳을 이용
하도록 한다.
　천이 완성되면 소파 위에 씌우고 구석구석 천을 집어넣는다.
뒤쪽을 핀으로 고정시켜 주고 쿠션 몇 개를 앞에 놓는다. 그래
도 좀 밋밋하다 싶으면 색상이 다른 등받이를 하나 만들어 덮어
도 된다.

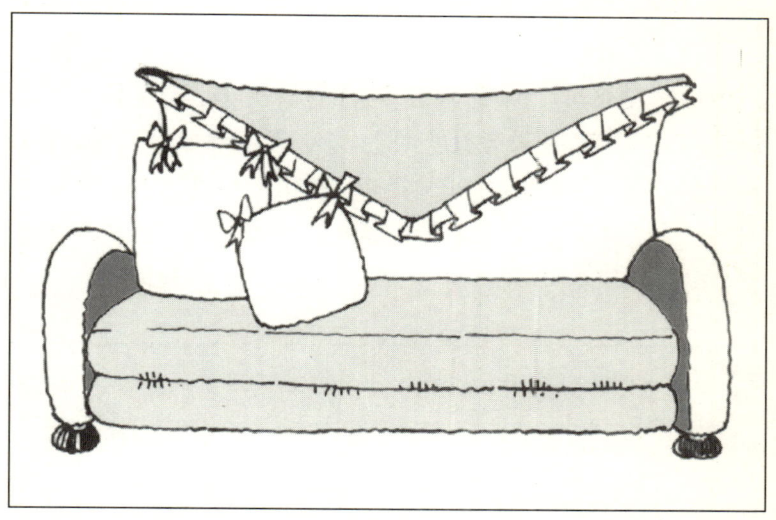

봉 커튼 만들기

커튼을 이용해 집안 분위기를 바꿔 보자.
커튼 전체를 바꾸거나 구입하려면 많은 비용이 든다.
그러나 직접 천을 사다가 간단하게 집에서 만들어 보
자.

　천은 동대문 시장이나 강남 고속버스 터미널에 가면 싸게 구입할 수 있다.

　노랑 바탕에 작은 과일이나 꽃무늬가 있는 것은 봄 기분을 느끼게 하고 가을에는 연한 체크 무늬, 여름에는 흰 색 레이스천이 시원해 보인다.

　먼저 원하는 천을 창문 크기에 맞춰 자른다. 천을 자를 때 염두에 두어야 하는 것은 단순하게 내릴 때는 창 크기의 1.3배 정도, 풍성한 주름을 원할 때는 가로로 창 크기의 1.8~2배가 적당하다는 것이다.

　커튼을 단순하게 내릴 때는 흰 무명천에다 스텐실로 그림을 그려 넣어도 된다. 박음질할 때는 윗단은 안쪽으로 0.5㎝ 정도 시접을 접은 다음 3㎝가 되도록 박고 옆과 아래는 1㎝ 정도 꺾어서 한다. 박음질은 세탁소에 맡겨도 된다. 부분 커튼은 작은 창문이나 아이들 방에 해줘도 된다. 그림을 참조한다.

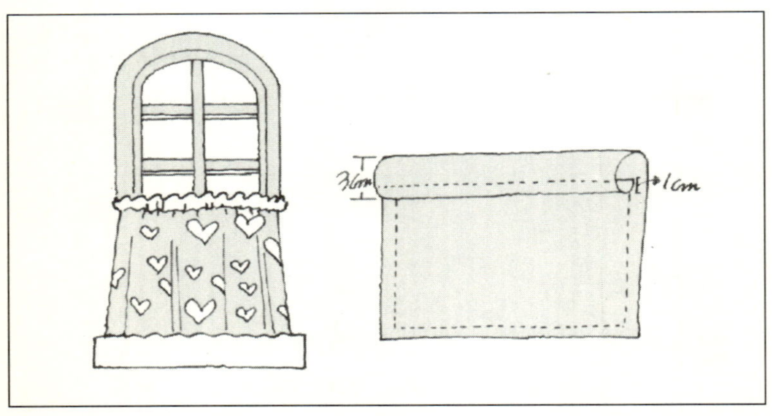

꽃 말리기와 장식하기

 을 자연 그대로 말려서 카드
나 편지지, 액자 그림, 전등갓
등에 사용해 보자.

무엇보다 꽃은 어떻게 말리느냐가 중
요하다. 수분이 적은 팬지, 수선화, 장미,
코스모스, 국화, 안개꽃 등은 압화용 꽃
으로 적당하다.

장미, 카네이션, 수국 등은 꽃잎을 분해
해서 건조시킨 후 재조합하는 것이 낫다.

꽃잎이 두꺼운 백합이나, 아이리스는 수분이 잘 증발하지 않아
말리기 힘들고 나팔꽃은 꽃잎이 얇아 쭈글쭈글해지기 쉬워 적당
하지 않다. 백합 등을 건조시키고 싶을 때는 고운 사포로 꽃잎의
뒷면을 가볍게 문지른 후 수분을 조금 제거한 후 말린다.

〈말리는 법〉

〈방 법 1〉 밀폐 용기에 실리카겔을 1~2cm
깔고 책이나 나무판 사이에 습자지로 싼
꽃을 넣는다. 그런 다음 끈으로 꽁꽁 묶
고 뚜껑을 덮는다. 이것은 최대한 강한
압력을 가해서 빠르게 말리는 것이다. 이
렇게 말린 꽃을 일반 공업용 본드를 이용
해서 액자 그림이나 편지지 등에 붙여 이
용해 보자.

〈방 법 2〉 밀폐 용기에 실리카겔을 1~2cm 깔고 부직포를 위

에 덮는다. 부직포 위에 꽃잎을 얹은 후 뚜껑을 닫고 3~4일 동안 말린다. 이렇게 말린 꽃을 천이나 종이에 예쁘게 놓고 코팅지를 덮어 다리미로 눌러 주면 에쁘게 코팅된다.
〈방 법 3〉 꽃병에 꽂았던 꽃은 물이 닿았던 부분을 잘라 내고 통풍이 잘 되는 곳에 거꾸로 걸어 말린다. 이 방법은 꽃을 그대로 말려서 사용하고 싶을 때 이용한다. 이렇게 말린 꽃은 포푸리로 만들면 좋다. 무엇보다 이 방법은 통풍이 잘 되어야 꽃 색깔이 예쁘게 나온다.

> **참 고**
>
> 실리카겔은 건조제로 반영구적으로 사용할 수 있다.
> 화공 약품이나 건자재상에 가면 구입할 수 있다.
> 쉽게 말하면 실리카겔은 김에 든 건조제와 똑같다.

화단에 작은 연못 만들기

실내에 어항은 많이 하는데 화단에 연못은 잘 만들지 않는다. 그러나 작은 연못은 만들기도 쉽고 만들어 놓으면 기분도 좋다. 한번 시도해 보자.

〈만드는 법〉
　〈준비물〉 깊이가 30~50cm 정도의 주둥이가 넓은 그릇, 모래, 자갈, 수경 식물, 금붕어

1. 그릇을 5cm 정도만 나오도록 땅을 파서 묻는다.

2. 그릇 바닥에 자갈과 모래를 3cm 가량 깔고 물을 채운다.

3. 수경 식물을 심고 금붕어를 몇 마리 넣는다.

4. 그릇의 물은 10일에 한 번 꼴로 절반씩 바꿔 줘야 한다.

5. 그릇 주위에 작은 돌과 화초를 심으면 즘더 풍성한 연못이 만들어진다.

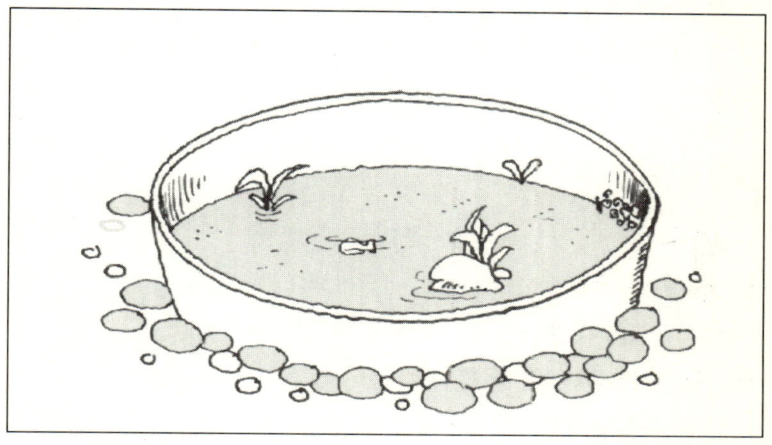

묘목 고르는 법

묘목은 굴취 후 장기간 보관하지 않은 것을 골라야 한다. 또 잔뿌리가 많고 묘목의 가지는 사방으로 고루 뻗었으며 정아(눈)가 큰 것과 병충해의 피해가 없고 묘목에 상처가 없는 것, 묘목의 크기에 비례하여 근원경과 뿌리가 균형 있게 발육된 것을 골라야 한다.

나무는 너무 깊거나 얕게 심으면 안 되고 경사진 곳이라도 흙은 수평으로 해야 한다.

실내 공기를 정화하는 식물들

식물은 실내의 공기를 정화하고 보기에도 좋다. 특별히 실내 공기에 좋은 식물은 관엽 식물로 디펜바키아, 행운목, 피닉스 야자, 벤자민 고무나무, 관음죽, 국화 등과 네프롤레피스가 있다. 네프롤레피스는 값도 싸고 물만 잘 주면 잘 자라므로 집에서 쉽게 가꿀 수 있다.

실내에서 식물을 기르면 여러 가지 이점이 있다. 공기 정화, 습도 유지, 차광 효과 등 가족의 정서 유지에도 도움이 된다.

봄철의 화분 관리

햇살이 따뜻해지는 봄에는 화초를 밖으로 내놓는 것이 좋다. 화초를 밖에다 내놓고 물을 평상시보다 양을 많이 해 흠뻑 젖도록 준다.

작은 식물은 뿌리를 1/3 정도로 자른 후 다른 화분에 옮겨 심는다. 이때 퇴비를 모래나 흙과 반씩 섞어서 새로 넣으면 화초가 잘 자라난다.

겨울철 화초 관리

가을까지는 화초가 잘 자라다가 겨울이 돼 썩거나 잘 자라지 않는 것은 관리를 잘못했기 때문이다. 특히 겨울철 물 주기는 오전중이 좋다. 물은 하루 정도 받아 두었다가 준다.

난 — 실내 온도가 25℃는 되어야 하고 습도는 60~80%가 적당하다. 물은 사흘에 한 번 충분히 젖을 만큼 준다. 햇볕은 하루에 3시간 가량씩 쬐어 준다. 동양란은 하루에 한 번 정도 분무기로 물을 뿌려 주고 여름에는 강한 햇볕을 피해야 한다.

관엽 식물, 베고니아, 선인장 등 — 햇볕이 잘 드는 곳에 두고 물은 화분의 흙이 완전히 마른 다음 흙이 젖을 정도만 준다. 물을 너무 많이 주면 뿌리가 썩는다.

관엽 식물잎은 먹다 남은 우유를 헝겊에 묻혀 닦아 주면 윤이 난다.

넝쿨 줄기와 스킨다이브르 — 물은 일주일에 한 번 준다. 물을 많이 주면 썩어 버릴 수 있다.

꽃베고니아와 안수리움 — 온도는 15~20℃가 적당하고 물은 스프레이로 하루 한두 번씩 뿌려 준다. 햇볕이 드는 곳이나 반응달에 두어도 된다.

히아신스, 백합 등 구근 식물 — 실내 온도 18~20℃가 적당하며 일주일에 한 번 정도 물을 준다. 햇볕을 많이 쬐어 주면 겨울에도 꽃을 볼 수 있다.

꽃씨를 심을 때

씨를 심으면 하루하루 다르게 식물이 자라는 모습을 관찰할 수 있으며 예쁜 꽃도 볼 수 있다. 꽃씨를 심을 때는 흙을 너무 많이 덮지 말고 꽃씨가 보일 듯 말 듯 살짝 덮어 줘야 한다. 꽃씨는 발아력이 약하기 때문이다.

화단의 칸은 비닐 호스로

원이 넓고 크면 좋겠지만 도심에 살다 보면 그런 집을 구하기가 쉽지 않다. 그래도 조그만 자투리 공간이 있다면 화단을 만들어 꽃과 나무를 심어 보자.

화단의 칸을 나눌 때는 헌 비닐 호스를 이용한다. 이것을 적당한 크기로 잘라 그 속에 굵은 철사를 끼워 넣고 반달 모양으로 구부려서 꽂는다.

또 바닷가로 여행할 때는 소라 껍질과 예쁜 돌을 주위 와서 화단에 장식해 보자. 그러면 스치는 눈길마다 추억이 새록새록 빛이 난다.

화분에 표정 넣기

분에도 알록달록 색을 칠하면 분위기가 달라진다.

화분을 깨끗이 닦은 다음 원하는 색의 아크릴 물감이나 페인트로 색을 칠한다. 그리고 본드로 장식술이나 조개 껍질, 구슬 등을 붙이면 색다른 느낌이 난다.

걸어 놓은 화분에 물 주기

어 놓은 화분에 물을 줄 때는 비닐 봉지를 이용하면 간편하다.

물을 주기 전에 걸어 놓은 화분 밑에 비닐 봉지나 샤워 모자를 단단하게 씌워 놓으면 물이 바닥으로 떨어지지 않아서 좋다.

휴가 때 화초에 물 주는 법

집을 오래 비울 때 마땅히 관리를 부탁할 사람이 없다면 다음과 같이 화초에 물을 줘 보자.

물을 담은 양동이를 화분 바로 옆에 갖다 놓고는 수건의 한 부분을 물에 담가 화분과 양동이에 걸쳐 놓는다. 수건을 통해 끊임없이 소량의 물이 떨어지므로 이렇게 하면 정성들여 키운 화초가 말라 죽는 일은 없을 것이다.

벌레나 진딧물이 생길 때

야채를 직접 기르다 보면 벌레나 진딧물이 잘 생긴다. 무공해 야채를 먹으려면 농약 대신 무공해 벌레 퇴치법을 써 보자.

분무기에 식기 세척용 세제나 요구르트 등을 넣어 진딧물이 있는 곳에 충분히 뿌려 준다. 그러면 요구르트 등이 마르면서 수축돼 진딧물의 숨구멍을 막아 진딧물이 죽는다.

또는 물 한 컵에 담배 꽁초 두세 개를 넣어 두 시간 정도 우려낸 물을 분무기에 넣어 뿌려 줘도 된다.

생화를 오래 보려면

생화가 조화처럼 죽지 않으면 얼마나 좋을까?
아니 어쩌면 생화가 죽지 않는다면 우리는 꽃이
예쁜지 아닌지 알 수 없게 되어 버릴지도 모른다.
예쁜 꽃을 느끼지 못한다는 것은 슬픈 일이다.
어쨌든 꽃병에 꽂아 둔 꽃을 하루라도 더 오래 보고 싶
으면 꽃병의 수온을 낮춰 주는 것이 좋다.
꽃병 속의 수온이 높아지면 꽃은 오래 가지 못한다.
그러므로 여름에는 꽃병의 물을 자주 갈아 주고
물을 냉장고 속에 넣어 두었다가 사용한다.

양초 만드는 법

 초의 주원료는 파라핀이다. 파라핀은 서울 종로구에 있는 방산 시장에서 구입할 수 있다. 양초는 적은 돈으로 손쉽게 만들 수 있다. 아이들과 한번 만들어 보는 것도 좋은 경험이 될 것이다.

  양초 모양을 결정짓는 양초틀은 주위에

있는 우유팩이나 과자틀 등을 이용하면 된다.

　〈재 료〉 파라핀, 못 쓰는 주전자나 냄비, 굵은 실, 색상을 내
　　　　　기 위한 크레파스, 양초틀

〈만드는 법〉

1. 크레파스는 가루를 내어 파라핀과 함께 주전자에 넣고 약
　한 불에서 녹인다.
2. 실은 녹인 파라핀 액에 넣었다가 빼서 일자로 쭉 펴 굳힌
　다.
3. 양초틀에 2번 심지를 그림과 같이 세우고 녹인 파라핀 액
　을 붓는다.
4. 한 시간 정도 지나면 양초가 식어 완성된다.

1. 심지를 세우고 파라핀 용액을 붓　　2. 1시간 정도 지나면 용액이
　는다.　　　　　　　　　　　　　　　굳어 양초가 완성된다.

얼음 양초 만들기

　과자틀로 양초를 만들면 작아서 물에 띄워 놓기 좋다. 작은
양초를 몇 개 만들어 큰 그릇에 띄워 놓고 불을 붙여 보자. 집안
이 따뜻하고 분위기 있어 보인다.

〈만드는 법〉

1. 파라핀과 크레파스 가루를 함께 넣고 녹인다.
2. 실은 파라핀 액에 넣었다가 빼서 굳힌다.
3. 용기 가운데 심지를 세우고 얼음을 2cm 정도의 크기로 깨서 듬성듬성 넣는다.
4. 녹인 파라핀 액을 붓는다.
5. 파라핀 액이 굳으면서 얼음도 서서히 녹는다. 얼음이 녹으면서 그 자리에는 듬성듬성 구멍이 생긴다.
6. 완성된 초에 불을 붙이면 구멍난 부분으로 불빛이 새어나와 아름답게 빛난다.

풍선으로 분위기 띄우기

 아이의 생일이나, 특별한 날에는 풍선으로 연출해 보자.

천장에 낚싯줄을 묶어 풍선을 단다.

풍선을 이용하면 적은 돈으로 화려하게 분위기를 바꿀 수 있다. 요즈음은 파티 전문 풍선용 가게도 있어 다양한 모양과 색상의 풍선을 갖춰 놓고 있으니 잘 골라서 사용하면 기쁨이 두 배가 된다. 어느 틈엔가 아이들의 웃음 소리가 들리는 듯하다.

알뜰살뜰생활의지혜 ●●●●●●●●●●●●●●●●

6. 집안 관리

벽지의 때 제거

현관문 주위나 아이 방은 벽지에
때가 잘 탄다. 말랑말랑한 식
빵이나 고무 지우개로 때
가 묻은 부분을 문질러 지운다.
그러나 오래된 때는 잘 지워지지
않으므로 때가 보일 때마다 수시로
관리하는 것이 좋다. 만약 볼펜이나
크레파스로 아이가 낙서를 해 도배
를 새로 해야 할 경우라면 이 경우 대
부분 밑부분만 지저분하므로 아래쪽단
도배지를 바르고 띠 벽지를 하는 것이 경제
적이다.

또한 벽의 전기 스위치가 있는 곳도 때가 잘 타는데 이때도 식빵이나 고무 지우개로 지우면 깨끗해진다.

페인트 냄새는 양파로

틀이나 벽에 페인트를 칠하면 한동안 페인트 냄새가 나 머리가 아프다. 이럴 때는 양파를 몇 개 잘라 구석에 놓아 두면 서로 중화되어 냄새가 나지 않는다.

페인트 칠할 때

인트를 칠할 때 유리창이나 바닥에 잘 묻어 청소하기도 힘들다. 페인트를 칠하기 전에 미리 스위치 판이나 창문, 장판 가장자리에 비눗물을 발라 두면 쉽게 닦아 낼 수 있다.

창틀에 페인트를 칠할 때는 신문지를 물에 적셔 창문 유리에 붙여 둔다. 페인트 칠이 끝날 때까지 떨어지지 않고 붙어 있어 깨끗이 마무리할 수 있다.

타일 틈의 때 제거

욕탕이나 화장실 타일 사이사이에는 물때가 잘 낀다. 물 1리터에 표백분 세 숟가락 정도를 타서 헌 칫솔로 닦아 보자.

또는 휴지에 표백제를 적신 후 곰팡이가 핀 위치에 놓아 둔다. 하루 정도 지나면 곰팡이가 휴지에 묻어 나온다.

수도꼭지 물때 제거

도꼭지의 물때는 분무기에 물과 알코올을 7 대 3으로 희석한 용액을 넣어 뿌린 다음 헌 칫솔로 닦은 후 마른 걸레로 한 번 더 닦아 주면 깨끗해진다.

시멘트 연못의 독기 제거

원에 조그맣게 구덩이를 판 다음 시멘트로 발라 연못을 만들어 보자.

그러나 시멘트 속에는 독기가 있으므로 물을 부어 식초를 탄 다음 3~4일 가량 둔다. 그러면 시멘트의 독이 제거되어 물고기를 잘 키울 수 있다.

유리창 닦는 법

리창은 비가 온 다음 마른 신문지로 닦는다. 물걸레보다 신문지로 닦아 주면 깨끗해진다.

맑은 날 유리창을 닦을 때는 신문지를 축축히 적셔서 닦는다.

유리창이 많이 더러울 때는 스펀지에 샴푸를 묻혀 거품 내어 닦은 다음 맑은 물로 헹구면 깨끗해진다.

유리창 성에 제거법

겨울철이 되면 유리창에 성에가 잘 낀다.
소금으로 유리창을 닦아 보자. 유리창이 잘 얼어붙지
않게 된다.

깨진 유리 가루는 탈지면으로

유리나 유리 그릇 등은 깨지면 유리 가루가 흩어지게 된
다. 이럴 때는 빗자루로 쓸어 낸 다음 탈지면을 한 움
큼 뭉쳐서 바닥을 닦으면 유리 가루까지 깨끗이 처리
된다. 또는 화장지에 물을 조금 묻혀서 닦아도 된다.

창틀에 빗물이 스며들 때는 양초로

여름에는 비가 자주 오는데 창틀 사이로 이 빗물이 잘
스며든다. 이럴 때는 미리 창틀에 페인트 칠을 하고,
마르면 양초로 창틀, 창살 등을 문질러 준다. 그러면
빗물이 잘 스며들지 않는다.

카펫 청소하기

카펫은 진공 청소기를 사용하면 먼지는 없어진다. 그러
나 진드기가 붙어 있을 수 있으므로 햇볕을 자주 쬐어
주어야 한다.
카펫의 때를 제거하려면 카펫에 소금을 뿌리고 걸레로 닦는

다. 그러면 소금에 티끌들이 달라붙어 깨끗하게 청소할 수 있다.

천으로 된 소파의 손질

으로 된 소파는 먼지를 털어 내고 때가 묻었으면 제거한다. 그런 다음 물을 분무기로 뿌려 다림질을 가볍게 해서 구김을 펴준다. 그러면 소파의 수명도 오래 간다. 그러나 작은 털이 있는 천 소파는 털이 뭉개지지 않도록 한 방향으로만 다림질을 해야 한다.

담요의 보관

요를 보관할 때는 깨끗이 세탁한 다음 헹굴 때 방충제를 물에 풀어 그 물에 마지막으로 한 번 헹궈 준다. 이렇게 하면 방충제를 따로 넣을 필요가 없다.

오리털 이불의 세탁과 보관

리털 이불은 가능하면 드라이 클리닝을 하는 것이 좋다. 오랫동안 보관할 때는 충분히 건조시켜 통풍이 잘 되는 곳에 방충제를 넣어서 둔다. 그리고 한달에 한 번 정도는 햇볕에 건조시킨다.

특히 오리털 이불은 세탁이 까다로우므

로 커버만 따로 떼어 내어 세탁할 수 있는 것으로 구입하면 편하다.

가끔은 이불의 표면을 두드려 주어 오리털의 분포를 균일하게 만들어준다.

돗자리 보관과 청소법

여름에는 돗자리를 많이 사용하는데 청소법과 보관법을 알아보자.

1. 잉크가 엎질러졌을 때

돗자리에 잉크가 엎질러지면 일단 휴지로 잉크를 빨아내야 한다. 걸레로 문지르면 얼룩이 더 커지므로 주의한다. 그런 다음 젖은 걸레로 닦아낸다. 마지막으로 잉크가 묻은 자리에 우유를 조금 붓고 마른걸레로 결대로 문지르면 말짱해진다.

2. 껌이 묻었을 때

껌이 묻었을 때는 보통 벤젠이나 신나를 묻혀 닦아내면 깨끗해진다.

그러나 돗자리의 올 사이에 박혀 있을 때는 벤젠이
나 신나로 닦아 낸 다음 헝겊을 위에 대고 뜨거운
다리미로 눌러 준다. 그러면 껌이 녹아 헝겊에 달라
붙는다.

3. 돗자리에 담뱃불이 떨어졌을 때

일단 담뱃불이 떨어지면 재빨리 긁어낸 다음 그 부
분에 투명한 매니큐어를 발라 둔다.

4. 누렇게 변하는 것을 막으려면

귤껍질을 삶아서 나온 즙으로 돗자리를 닦아 주면
누렇게 변하는 것을 막을 수 있어 수명이 오래 간
다.

5. 돗자리와 발 보관법

발과 돗자리는 물에 담그지 말고 먼지를 먼저 털어
낸다. 그런 다음 솔에 비눗물을 적셔 닦아 내면 때가
깨끗이 빠진다. 그리고 맑은 물에 헹구고 그늘에서
말린다. 보관할 때는 니스칠을 해 두면 상할 염려가
없다.

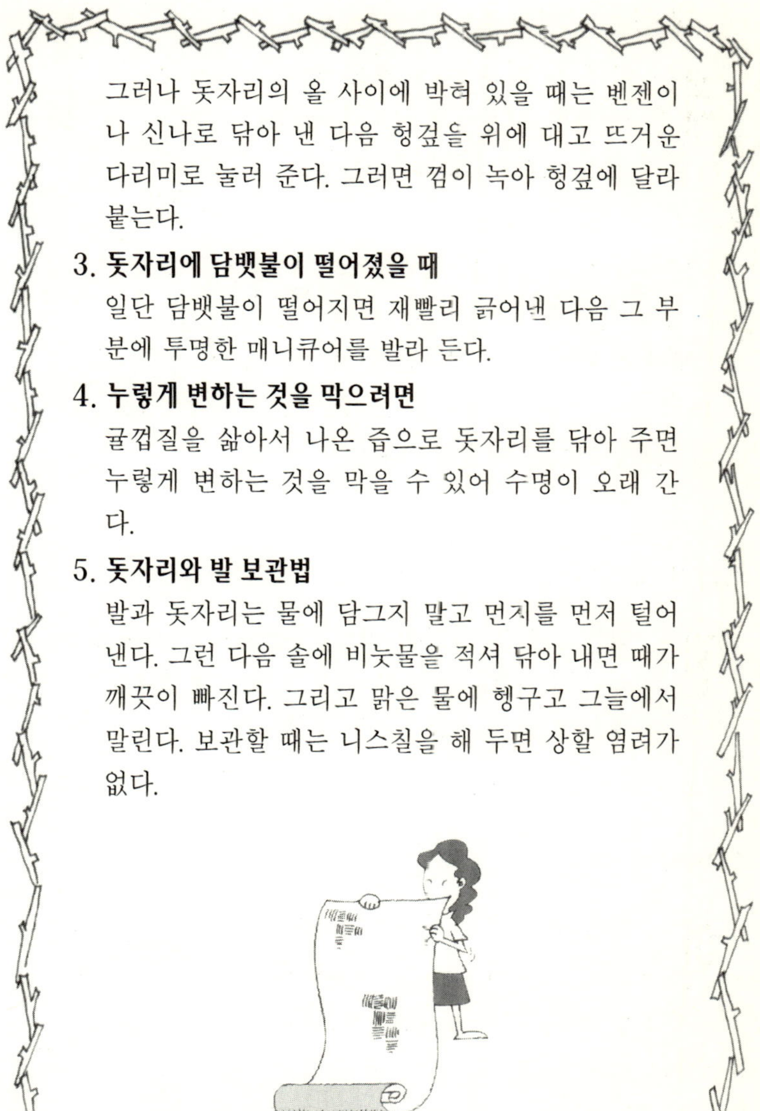

가스대 청소 요령

 몬을 쓰고 난 후 껍질을 빈 병에 모아 냉장고에 넣어 두면 가스대의 기름때를 청소할 때 요긴하게 쓸 수 있다.

기름때 위에 더운 물을 조금 붓고 레몬 껍질로 문질러 주면 가스대가 깨끗해지고 레몬 향도 풍겨난다. 또는 요리하다 남은 오이나 무 조각으로 싱크대를 닦아도 깨끗해진다.

전화기 청소하기

 화기는 여러 사람이 함께 사용하므로 손때와 세균이 있을 수 있다. 가끔씩 천에 알코올을 묻혀서 닦으면 소독도 되고 깨끗해진다.

흠이 생긴 가구

 사를 할 경우나 아이들의 장난감으로 가구에 흠이 잘 난다. 이럴 때는 가구와 같은 색의 크레용이나 매직을 흠집이 난 곳에 칠하고 투명한 매니큐어를 살짝 발라 주면 감쪽같다.

가구를 닦을 때

구는 귤껍질을 삶은 즙으로 닦아 보자.
이렇게 하면 가구나 상이 반질반질하게 윤이 난다. 또
는 콜드 크림을 이용해 닦아도 된다.

래커칠한 가구의 손질

커칠이 되어 있는 가구는 물 한 컵에 홍차 티백 두 개
를 넣어 끓인 물을 천에 묻혀 닦아 준다.
홍차에 들어 있는 타닌 성분이 래커를 반질반질하게
윤이 나게 하기 때문이다. 래커는 기름기가 들어 있는 것, 즉 콜
드 크림 등으로 닦으면 안 된다.

원목 가구의 손질

목으로 된 가구는 물걸레로 닦으면 수분이 흡수되어
때가 쉽게 낀다. 시판하는 원목용 왁스를 사다 마른걸
레에 조금 발라서 잘 닦아야 한다.

등가구 손질법

름에는 등가구를 많이 쓰는데 겨우내 보관된 가구는
그 동안 쌓인 먼지를 제거하고 깨끗이 닦아야 한다.
청소기를 이용해 구석구석 먼지를 제거한 다음 마른
걸레로 닦아 준다. 그러나 때가 탔을 때는 소금물로 닦아주어야

한다. 그러면 변색되지 않고 오래 쓸 수 있다.

벌레 먹은 가구는

구에 벌레 먹은 구멍이 있다면 살충제를 구멍 안에 뿌려서 벌레를 죽인 다음 촛농을 떨어뜨려 구멍을 메워야 더 이상 가구가 상하지 않는다.

곰팡이 핀 가구

엇보다도 곰팡이는 산에 약하다. 싱크대나 장롱 뒤쪽 등 여름에 습기 때문에 곰팡이가 잘 피는 곳에는 마른 걸레에 식초를 떨어뜨려 닦아 준다.

가구 쉽게 옮기기

구는 보통 무겁기 때문에 옮기기가 쉽지 않다.
이럴 때는 신문지를 두껍게 깔아서 가구 밑에 넣고 레일 대용으로 쓴다. 비교적 쉽게 가구를 옮길 수 있다.

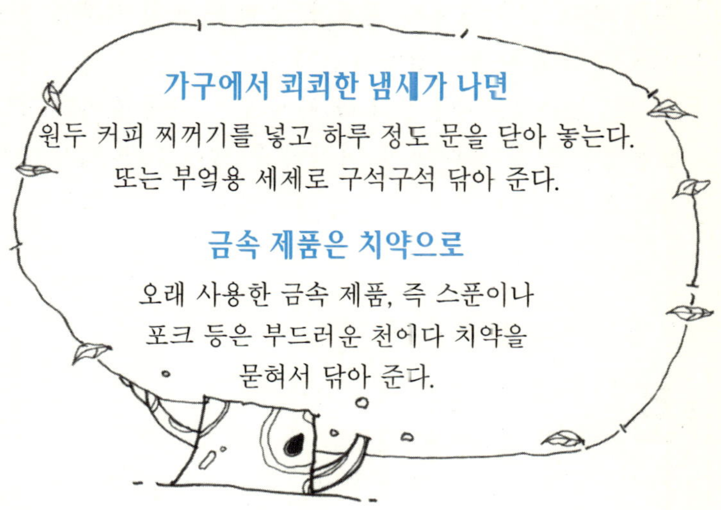

커튼의 보온 효과

보통 창문이 바닥까지 내려와 있지 않으면 커튼도 창문 크기에 맞춰서 단다. 그러나 커튼이 바닥까지 내려와 있지 않으면 겨울철에는 아래쪽 틈을 통해 찬 공기가 스며들어 보온 효과가 떨어진다. 겨울용 커튼만이라도 바닥까지 내려오도록 하는 것이 보온에 크게 도움이 된다.

보온병의 사용과 보관법

보온병을 쓰지 않고 오래 보관해 두거나 홍차, 커피 등을 넣어서 사용했을 때는 냄새가 난다.
오래 보관해서 냄새가 날 때는 뜨거운 물로 병 속을 깨끗이 씻은 다음 숯을 잘게 잘라 넣어 하루쯤 둔다.

홍차, 커피 등을 넣어서 냄새가 날 때는 중성 세제를 이용해서 깨끗이 씻고 뚜껑을 열어 놓는다.

그리고 보온병은 내용물이 꽉 차야 보온, 보냉 효과가 크다.

보온병을 오래 보관할 때 미리 숯을 넣어 두면 냄새가 나는 것을 막을 수 있다.

보온병 내부의 반점이나 물때에는

보온병 사용중 물에 포함된 철분이 산화하여 반점이 생기거나 수질에 의한 불순물의 작용으로 물때가 생길 수 있다. 이럴 때는 보온병의 마개를 열고 식초를 10% 정도 첨가한 따뜻한 물을 가득 넣은 후 30분 정도 둔다. 그런 다음 부드러운 스펀지 등으로 병을 깨끗이 닦으면 된다. 특히 식초 성분이 남지 않도록 깨끗이 헹궈야 한다.

뚝배기를 오래 사용하는 방법

뚝배기를 깨지 않고 오래 사용하려면 뚝배기 바닥에 식용유를 듬뿍 바른 다음 한 시간 정도 둔다. 그런 다음 물을 80% 정도 붓고 약한 불로 잠시 동안 끓이다가 불을 세게 해서 팔팔 끓인다. 그러면 잘 깨지지 않는다.

자기 냄비 오래 쓰는 법

 기 냄비는 사용하기 전에 물을 가득 붓고 소금을 한 줌 넣은 다음 약한 불로 천천히 물이 거의 없어질 때까지 말린다. 그러면 내구성이 생겨 금이 잘 안 간다.

찻잔에 금이 가면

 이나 찻잔에 금이 가면 바로 우유를 듬뿍 넣은 냄비에 찻잔을 담가 5분 정도 끓인다. 그러면 우유의 단백질이 금이 간 틈에 들어가 데워 주기 때문에 금이 안 보인다. 이때 주의할 것은 금이 간 사이로 때가 붙기 전에 바로 우유에 넣어 끓여야 한다는 것이다.

접시 보관과 작은 흠집은

 시에 작은 흠이 생기면 버리기에는 너무 아깝다. 이럴 때 고운 사포로 살살 문질러 주면 흠이 잘 눈에 띄지 않는다.

또 접시를 포개서 보관할 때는 냅킨이나 얇은 종이를 한 장씩 사이에 끼워서 보관해야 한다.

사기 욕조 흠집에는

기 욕조에 흠집이 생기면 녹이 슬기 쉽다. 이럴 때는 고운 사포로 녹을 제거하고 깨끗이 청소한 다음 에나멜을 칠해 준다. 그러면 녹이 슬지 않고 흠집도 커지지 않는다.

삼베를 행주로 쓰면 좋다

주는 삼베로 쓰는 것이 좋다. 삼베는 흡수성과 건조성이 좋고 무엇보다 유리 그릇을 닦을 때 섬유질 같은 이물질이 붙지 않아서 좋다. 삼베를 몇 개 준비해서 사용하도록 한다.

유리 그릇 윤내기

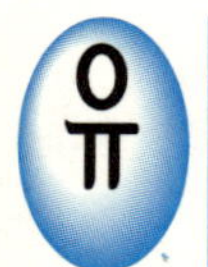리 그릇은 잘 씻어도 나중에 보면 약간 흐리고 광택이 없다. 이럴 때는 마지막 헹굼물에 식초를 서너 방울 떨어뜨려서 건져 내면 윤이 난다. 또 유리 그릇을 닦을 때는 삼베로 닦는 것이 좋다.

검게 변색된 은식기 닦기

식기는 처음 쓸 때는 화려하고 예쁘다. 그러나 쉽게 색이 변하는데 이럴 때는 중탄산소다를 더운 물에 조금 용해시킨 다음 이 물에 은식기를 넣고 삶는다. 그

런 다음 수세미로 닦으면 은은한 멋을 되살릴 수 있다. 도금된 은식기나 은으로 된 식기에 계란이나 양파 요리를 담으면 색이 변하므로 주의한다.

참고로 중탄산소다는 슈퍼마켓에서 판매하는 소다를 말한다.

주둥이가 긴 병 씻기

 둥이가 긴 병이나 꽃병 등은 손이 들어가지 않아 깨끗이 씻기 힘들다. 이럴 때는 다음과 같은 방법을 써 보자.

1. 달걀 껍질을 잘게 부숴 넣고 물을 조금 부은 다음 흔들어 준다.
2. 모래와 비눗물을 같이 넣고 흔들어 씻는다.
3. 기름기가 있는 병은 미지근한 물에 주방용 세제를 넣고 30분 정도 두었다가 흔들어 씻는다.

그릇의 상표 떼기

 잔이나 사기 접시 등에 붙어 있는 상표나 가격표는 물로 씻어도 잘 떼지지 않는다. 이럴 때는 아세톤이나 신나로 지우면 깨끗이 제거된다.

크레파스 지우기

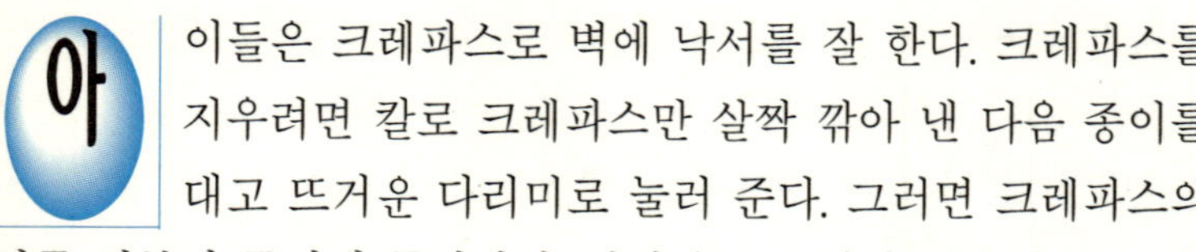

이들은 크레파스로 벽에 낙서를 잘 한다. 크레파스를 지우려면 칼로 크레파스만 살짝 깎아 낸 다음 종이를 대고 뜨거운 다리미로 눌러 준다. 그러면 크레파스의 기름 성분이 종이에 묻어난다. 마지막으로 세제를 천에 묻혀 닦으면 깨끗해진다.

벽에 붙은 스티커 떼기

이나 책상에 붙여 놓은 스티커는 시간이 오래 지나면 떼어 내기가 힘들다. 이 경우 스티커 위에 헤어 드라이어의 뜨거운 바람을 쐬어 주면 접착제가 녹아 쉽게 떼낼 수 있다.

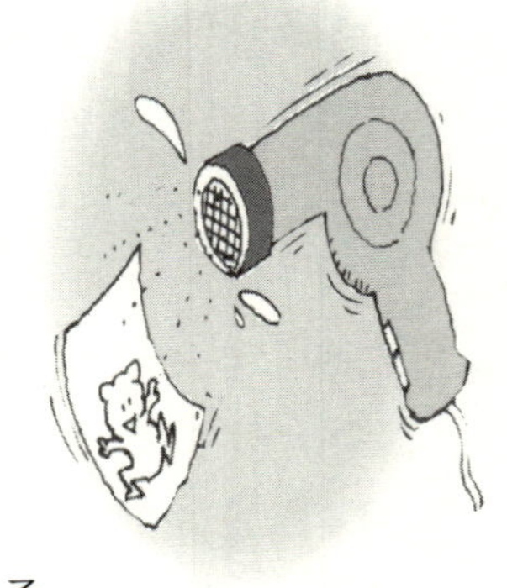

포장지의 스카치 테이프를 떼서 다시 쓸 경우에는 다리미가 조금 뜨거울 때 스카치 테이프 위를 살짝 눌러 준다. 그러면 쉽게 떨어진다.

촛농 없애기

불을 켜면 촛농이 흘러내려 지저분하게 된다. 고운 소금을 심지 밑에 조금 뿌려 놓으면 촛농도 흐르지 않고 불빛도 밝아진다.

투명 매니큐어 100% 활용법

1. 냉장고나 세탁기에 흠이 생기면 녹이 슬기 쉽다. 이럴 때는 흠이 생긴 자리에 투명 매니큐어를 칠해 둔다.
2. 외출하려고 옷을 입었는데 단추가 떨어지려고 한다. 이때 투명 매니큐어를 실에다 칠해 두면 힘이 생긴다.
3. 도금된 액세서리를 그냥 사용하면 쉽게 색이 변하는데 투명 매니큐어를 발라 주면 으래 사용할 수 있다.
4. 가구에 흠집이 생겼을 때 같은 색의 머직이나 크레용을 칠한 다음 매니큐어를 발라 두면 된다.
5. 스타킹의 올이 갑자기 나갔을 때 끝 부분에 살짝 매니큐어를 발라 두면 더 이상 올이 나가지 않는다.
6. 헐거운 안경테의 나사 부분에 1~2방울 매니큐어를 떨어뜨려 주면 나사가 풀리는 것을 방지해 준다.

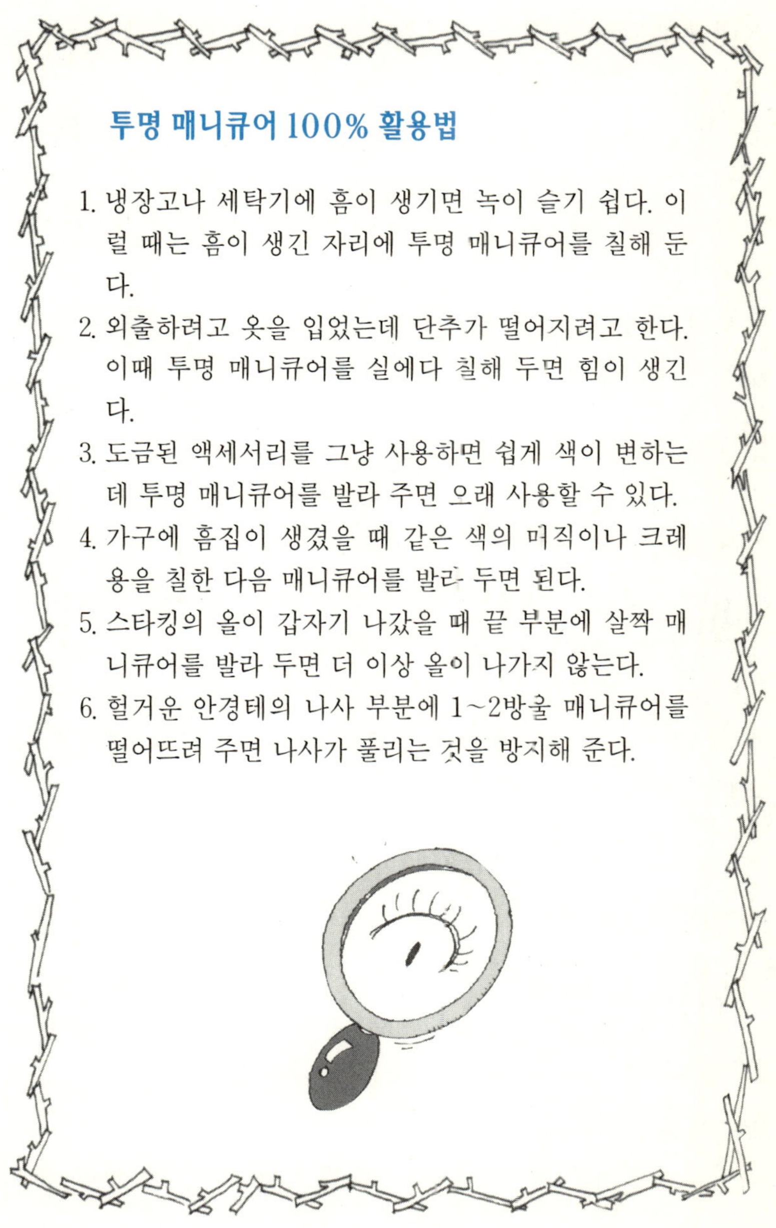

개미를 없애는 방법

 미가 나오는 구멍을 찾아서 석유 한 방울을 떨어뜨리면 개미가 얼씬도 안 한다.

설탕 용기에 생기는 개미는 용기 입구를 고무줄로 묶어 주면 고무 냄새 때문에 개미가 사라진다. 일단 개미가 생기면 용기를 불 옆에 갖다 놓는다. 그러면 개미가 모두 기어나온다.

먹다 남은 맥주나 청주로 식기를 닦는다

 다 남은 맥주는 대부분 버리게 되는데 이걸 가지고 식기나 유리를 닦으면 효율적이다.

맥주나 청주의 알코올 성분이 기름을 잘 녹이기 때문이다. 특수한 술이나 당분이 많이 들어 있는 술을 제외하고 그 밖의 술들도 식기를 닦는 데 사용하면 좋다.

카메라 보관

 통 카메라는 가죽 케이스에 넣어서 옷장에 보관해 둔다. 그러나 이 방법은 좋지 않다. 가죽 케이스는 습기를 잘 빨아들이고 옷장에는 나프탈렌이 있어 카메라 부속에 필요한 기름을 말릴 수 있다.

카메라는 가죽 케이스에 넣기 전에 비닐 주머니에 먼저 넣고

통풍이 잘 되는 곳에 보관해야 한다.

주방용 세제로 과일을 씻을 때 주의점

채나 과일을 세제 용액에 오래 담가 두면 세제 성분의 잔류량이 많아진다. 5분 이상 담가 두지 않도록 하자. 헹굴 때도 흐르는 물에서는 30초 이상 씻고 흐르지 않는 물에서는 물을 2회 이상 바꿔서 헹구도록 한다.

담배 연기와 냄새 없애는 법

배 연기가 자욱하면 촛불을 켜 놓는다. 촛불은 주위의 연기를 흡수하는 성질이 있어서 방 안의 담배 연기를 없애는 데 도움이 된다. 담배 냄새는 수건을 물에 적셔 걸어 두면 냄새가 수건에 배어든다. 자주 환기시키는 게 가장 좋은 방법이다.

올바른 가습기 사용법

습기를 사용할 때는 매일 굴을 갈 때마다 물통 속까지 깨끗이 씻는다. 세제는 가능한 사용하지 않는다. 가습기에 넣는 물도 끓여서 식힌 물이 좋다. 만약 물

을 갈아 줄 때 가습기 속에 물이 남아 있
으면 버려야 한다. 그 물이 오염되어 공
기 중에 균이 떠돌게 되면 폐로 들어
가 건강에 좋지 않기 때문이다.

　그리고 하루에도 여러 번 환기를
시켜 준다.

　또 가습기를 틀어 놓을 때는 사람
과 최소한 2~3미터의 거리를 유지
하는 것이 좋고 기관지가 약한 사람은
가능하면 침실 외에 다른 곳에 가습기를
틀어 놓고 간접 가습이 되도록 한 다음 잠을 자
는 것이 좋다.

◯ 전자 레인지 이용법

1. 꽃을 드라이 플라워할 때
　꽃에 스프레이로 물을 살짝 뿌린 후 약에서 2분 정도 가
열한다. 이때 김이나 과자에 든 건조제를 함께 넣고 가
열하면 좋다.

2. 장미꽃 포푸리 만들 때
　장미 꽃잎을 떼어 건조제와 함께 레인지에 넣어 2분 정
도 가열하면 된다.

3. 스팀 타월 만들기
　날씨가 추울 때 집에 손님이 오면 젖은 타월을 레인지
에 1분 정도 가열한 후 따뜻한 물수건을 내놓는다.

4. 호두 · 은행 볶기

은행이나 호두에 칼집을 내 강에서 40초 가열한다.

5. 빵가루 만들기

빵을 잘게 잘라 키친 타월 위에 놓고 2분간 가열한 후 손으로 비빈다.

6. 건포도 부드럽게 만들기

꾸덕꾸덕해진 건포도에 물이나 포도주를 조금 뿌려 랩을 씌운 뒤 30초 가량 가열한다.

7. 버터 녹이기

버터를 그릇에 담아 20초간 가열한다.

8. 베이컨 맛있게 굽기

접시에 냅킨 두 장을 깔고 베이컨을 ㄴ란히 놓은 뒤 냅킨으로 덮고 가열하면 바삭바삭하게 구워진다.

9. 참깨 볶기

참깨를 깨끗이 씻어 채로 받쳐 물기를 뺀 후 넓은 접시에 놓고 3~4분간 가열한다. 중간에 한 번 뒤적거려 준다.

10. 레몬 · 오렌지 즙 내기

레몬이나 오렌지를 씻어 껍질을 벗기지 않고 통째로 강에서 1분간 가열한다. 그러면 연해지는데 이때 즙을 짜면 많은 양을 얻을 수 있다.

11. 밥 데우기

밥이 식어서 딱딱해지면 밥 위에 물을 뿌리고 랩을 씌운 후 강에서 2분 정도 데운다.

12. 눅눅해진 소금 말리기

접시에 종이 타월을 깔고 소금을 편 뒤 강에서 20초
간 가열한다. 그러면 소금이 뽀송뽀송해지고 세균도
제거된다. 고춧가루도 같은 방법으로 한다.

13. 눅눅해진 과자 데우기

접시에 종이 타월을 깔고 눅눅해진 과자를 나란히 놓고
가열한 후 식히면 바삭바삭해진다.

14. 냉동 만두 익히기

냉동 만두를 물에 담갔다가 바로 건져 넓은 접시에 한
층으로 담아 랩을 씌우고 가열해 준다. 레인지에서 꺼
내 1~2분 정도 그대로 두었다가 랩을 벗기면 말랑말랑
해진 만두를 바로 먹을 수 있다.

15. 콩 불리기

대접에 물을 붓고 반 컵 정도의 콩을 담은 뒤 4~7분간
가열하면 금방 불려진다. 랩은 씌우지 않는다.

16. 매콤한 겨자 만들기

겨자 두 큰술에 물 한 큰 술을 넣고 약에서 1분간 가열한
다.

17. 쑥 찜질 타월 만들기

젖은 수건에 깨끗이 씻은 쑥을 싸서 2분간 가열하면 된다.

18. 행주 소독하기

젖은 행주에 중성세제 한두 방울을 떨어뜨린 후 비벼서
비닐 봉지에 넣고 강에서 3분간 가열해도 된다.

19. 전자 레인지의 냄새 없애기

전자 레인지는 여러 가지 요리를 하므로 냄새가 날 수

칼을 오래 사용하려면

선뼈나 냉동 식품은 전용 칼을 만들어 사용한다. 칼은 금속 수세미로 닦으면 흠집이 생길 수도 있으니 주의한다. 사용 후에는 깨끗하게 씻어 마른 행주로 닦고 자주 갈아서 사용한다. 수개월에 한 번은 전문점에서 갈아 준다.

주방용 칼 사용법

1. 칼배 - 오이나 마늘을 으깨거나 고기를
   두드린다.
2. 칼등 - 우엉 껍질이나 생선 비늘을 긁어내거나 잔뼈를 부
   수기도 한다.
3. 칼끝 - 생선 내장을 꺼내거나 고기 힘줄을 자른다.
4. 턱 - 감자싹 등을 도려 낼 때 사용하면 편리하다.

위생적인 도마 사용법

도마는 과일 채소용과 어류, 육류용 도마를 두 개 정도 준비해서 구분해 쓰면 위생적이다. 육류용 도마는 사용 후에는 중성 세제로 씻고 한 번은 표백제로 살균과 냄새를 제거해야 한다.

물로 씻어서 더러움이 제거되지 않는 도마는 수세미에 굵은 소금을 묻혀 싹싹 문지른다. 또는 표백제를 탄 물에 도마를 담궈 둔다. 물에 잠기지 않는 부분은 행주로 감싸고 행주 끝은 물에 잠기도록 하면 모세혈관 현상으로 물이 스며들어 행주까지 동시에 표백된다.

산소계 표백제를 이용하는 경우 직접 도마 위에 뿌리고 10분쯤 후에 수세미 등으로 문지르면 깨끗해진다. 표백한 후에는 물로 여러 번 헹구어 햇볕에 말리면 되는데 나무로 된 도마는 햇볕에 너무 오래 두면 휘어질 수 있으므로 주의한다.

그리고 도마에서 생선이나 고기를 손질한 후에는 차가운 물로 씻은 후 마지막에 끓는 물로 헹구면 살균 효과가 있다. 플라스틱 제재는 80°C 이하로 소독해도 된다. 처음부터 따뜻한 물로 닦으면 생선 냄새가 심해지므로 주의한다.

특히 여름철 닭을 손질한 도마와 칼은 깨끗이 씻은 다음 반드시 뜨거운 물로 소독해야 한다.

싱크대를 닦을 때

 코올로 싱크대를 닦으면 냄새 제거에 소독 효과까지 얻을 수 있다. 또는 김 빠진 맥주로 닦아도 같은 효과를 낸다.

부엌 타일에는 랩으로

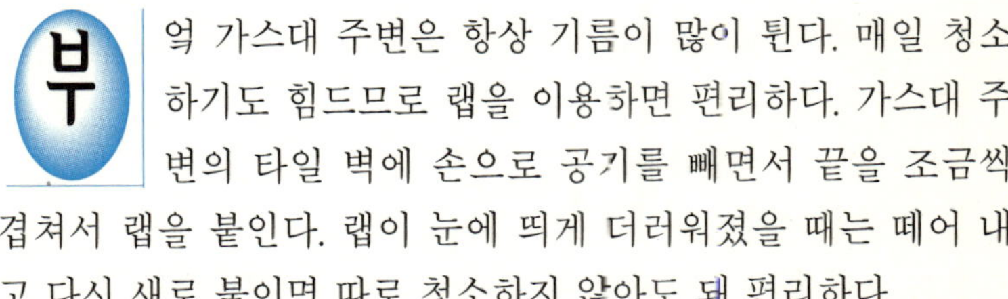 엌 가스대 주변은 항상 기름이 많이 튄다. 매일 청소하기도 힘드므로 랩을 이용하면 편리하다. 가스대 주변의 타일 벽에 손으로 공기를 빼면서 끝을 조금씩 겹쳐서 랩을 붙인다. 랩이 눈에 띄게 더러워졌을 때는 떼어 내고 다시 새로 붙이면 따로 청소하지 않아도 돼 편리하다.

냉장고에 넣을 필요가 없는 것들

 건을 구입할 때 냉장 보관되어 있던 물건이 아니면 특별히 냉장고에 넣어서 보관할 필요가 없다. 예를 들어 칸류, 음료수 등은 냉장고에 넣을 필요가 없다. 하지만 개봉 후에는 반드시 냉장고에 보관해야 상하지 않는다.

바나나, 파인애플, 멜론 등의 열대 과일과 감자, 고구마, 양파, 마늘도 망에 담아 바람이 잘 통하는 서늘한 곳에 걸어 두면 된다. 무, 배추, 시금치 등의 채소는 신문지로 둘둘 말아 두면 싱싱함이 오래 가므로 굳이 냉장고에 넣을 필요가 없다.

냉장고 문에 저장한 식품을 적어 두면

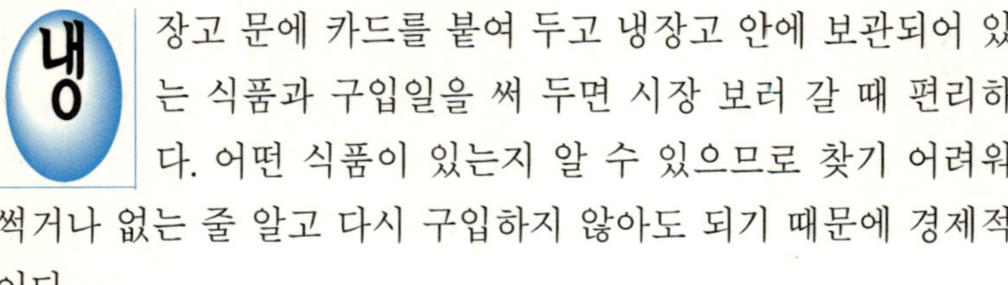

장고 문에 카드를 붙여 두고 냉장고 안에 보관되어 있는 식품과 구입일을 써 두면 시장 보러 갈 때 편리하다. 어떤 식품이 있는지 알 수 있으므로 찾기 어려워 썩거나 없는 줄 알고 다시 구입하지 않아도 되기 때문에 경제적이다.

또 하루 식단을 짤 때도 냉장고에 무엇이 들어 있는지 파악이 되기 때문에 고민하지 않고 식사 준비를 할 수 있다.

냉장고는 알코올로 닦는다

름에는 일주일에 한 번씩, 겨울에는 한달에 한 번씩은 꼭 소독용 알코올로 냉장고를 닦아 준다. 그런 다음 다른 수건으로 한 번 더 닦아 주면 살균 효과에다 나쁜 냄새까지 제거할 수 있다.

냉장고 탈취제

장고 냄새를 없애려면 떡갈나무 잎을 물에 적셔서 냉장고 바닥에 깔아 둔다. 떡갈나무 잎에는 플로보노이드와 타닌 성분이 있기 때문에 탈취 효과가 뛰어나다.

또는 원두 커피 찌꺼기나 10원짜리 동전, 동판을 이용해도 탈취 효과가 있다. 유통 기간이 지나 버려 먹지 못하는 식빵을 넣어 두어도 된다. 특히 냉장고 탈취제는 아래쪽에 넣어 두는 것이 효과적이다.

○ 냉장고 200% 활용법

냉장고는 위치에 따라 온도가 다르드로 식품에 따라 놓는 자리를 지키는 것이 좋다. 그리고 냉장고에 넣을 필요가 없는 것들은 구별해서 넣지 않는 것이 전기료도 아낄 수 있고 공간도 넓어진다.

냉동실에 넣는 식품과 방법

1. 다진 마늘, 다진 생강, 다진 파 등 양념류는 비닐랩에 얇게 편 후 한 번 쓸 만큼 칼집을 가로세로로 내서 얼린다.
2. 다진 고기도 지퍼팩에 얇게 펴서 얼렸다가 쓸 만큼 부러뜨려 사용한다.
3. 여름철에 많이 나는 풋고추를 냉동실에 얼려 두었다가 값이 비싸지는 겨울철에 꺼내 쓰는 것도 살림의 지혜이다.
4. 휴가나 집을 오래 비울 때 밥이 남으면 버리기에는 아깝다. 이럴 때는 밥을 한 번 먹을 분량씩 지퍼팩에 담아 얼려 놓는다. 먹을 때는 전자 레인지에 2~3분간 데우면 된다.
5. 식빵도 비닐팩에 넣어 두었다가 언 상태 그대로 구워 먹어도 된다. 그러나 식빵은 상할 염려가 있을 때만 냉동시킨다.
6. 생크림 케이크는 냉동실에서 얼린 후 먹을 때는 상온에서 자연 해동시키는 것이 맛있다.
7. 생선은 머리와 내장을 손질해서 소금물로 깨끗이 씻은

뒤 한 번 먹을 분량을 지퍼 팩에 넣어서 얼린다.

8. 덩어리로 된 고기도 한 번 먹을 분량을 따로따로 지퍼 팩에 넣어 얼려서 사용한다.

9. 그 외 마늘쫑, 완두, 아스파라거스도 냉동시키면 오래 두고 먹을 수 있다.

10. 냉동실 문칸에는 멸치 국물이나 곰국 등을 $500ml$ 짜리 우유팩에 담아서 얼려 두면 필요할 때 요긴하게 쓸 수 있다.

11. 깨, 콩 등 잡곡류도 우유팩에 넣어서 보관한다.

냉장고 신선실

신선실에는 2~3일 안에 먹을 육류와 생선을 보관한다. 해동시킬 필요가 없어 맛과 영양에 손실이 없다. 치즈, 햄, 소시지도 신선실에 두는 것이 좋다.

냉장고 야채실

야채실에 야채를 보관할 때는 지퍼 팩이나 비닐로 싸 두거나 신문지로 말아 둬야 한다. 그래야만 수분이 증발되어 쉽게 시들어 버리는 것을 방지할 수 있다.

오이나 대파 등을 보관할 때는 밀폐 용기나 $1.5\,l$ 짜리 음료수 병 윗 부분을 잘라 내고 그 속에 넣어 둔다.

또 야채실 바닥에 신문지를 깔아 두면 야채에서 떨어지는 흙으로 지저분해지는 것을 방지할 수 있다.

아이스 크림
랩에 싼 생선 및 식빵
얼음 통
다진 고기
다진 파
다진 마늘
지퍼팩에 든 밥
곡류
잡곡류
반 찬
반 찬
두부
계 란
마요네즈 · 우유
된 장
고추장
김치통
음료수
야 채
과 일
주류

● 냉장고에 보관시 식품 보존 기간

분류 식품명	냉장 보관시 식품 보존 기간	냉동 보관시 식품 보존 기간
쇠고기	4°C일 때 3~5일	-15~-18°C 에서 3개월
돼지고기	4°C일 때 2~3일	-15~-18°C 에서 15~30일
어패류	4°C일 때 1~2일	-15~-18°C 에서 15~30일

에너지 절약법

에너지 절약법은 따로 있는 것이 아니다. 알고 있으면서도 실천하지 못하면 그것이 곧 낭비이다. 예를 들어 사용하지 않는 전기 제품의 플러그를 빼 두는 것과 필요 없는 전등을 끄는 것은 제때 바로 실천하면 그것이 곧 에너지 절약 방법이다.

그리고 전기 제품은 반드시 에너지 소비 효율 등급 표시를 보고 구입한다. 등급은 1~5등급으로 구분되어 있는데 1등급은 5등급에 비해 에너지를 30~40% 정도 절약할 수 있다.

오래 쓰지 않는 제품의 건전지는 빼서 보관한다

손목 시계나 전등, 카세트는 오래 사용하지 않으면 전기가 방전되어 건전지의 약이 다 없어지고 만다. 또 건전지에서 액체가 흘러나와 고장의 원인이 될 수도 있으므로 오래 쓰지 않는 물건은 건전지를 빼서 시원한 곳에 보관하도록 한다.

화장지를 아껴 쓰는 법

히 어린이는 화장지를 둘둘 풀어 헤치는 것을 좋아한다. 그러므로 화장지는 아이의 손이 잘 닿지 않는 곳에 두는 것이 낭비를 막을 수 있다. 또 화장지를 꼭 눌러서 타원형으로 걸어 두면 잘 풀리지 않아 절약할 수 있다.

비누 아껴 쓰기

누곽에 스펀지를 먼저 깔고 비누를 놓는다. 그러면 사용 후에 물기도 빠지고 스펀지에 비누가 적당히 묻어서 목욕할 때 쓰면 좋다.

비누 조각은 쓰긴 불편하지만 버리기에도 아깝다. 이럴 때는 얇은 스펀지를 두 장 구해서 한 쪽만 남기고 꿰매 주머니를 만든다. 여기에 비누 조각을 넣고 목욕할 때 쓰면 편리하다. 또는 비누의 바닥면에 은박지를 붙여 두면 물기에도 쉽게 녹지 않아 경제적이다.

상한 우유 이용법

유는 상하면 버릴 수밖에 없다. 그러나 변질된 우유는 가구나 구두, 마루 등을 닦을 때 왁스 대용으로 쓸 수 있다. 헝겊에 상한 우유를 묻혀서 가구나 구두를 닦으

면 반짝반짝 윤이 난다.

리필 제품은 어떤 것이 있을까?

생활 용품의 경우 리필 제품으로는 주방용 세제, 세탁용 세제, 섬유 유연제, 샴푸 등 종류가 많다. 그러나 리필 제품을 구입할 때는 몇 그램에 가격이 얼마인지 확인한 후 구입하자.

컴퓨터의 잉크젯 프린터의 경우도 잉크 카트리지에 잉크를 재충전해서 쓰면 훨씬 싸기 때문에 잘 알아보고 리필 제품을 쓰는 것이 가격면에서도 저렴하다.

절전·절수 제품

절전·절수 제품은 보통 1년 이상 사용하면 투자비를 뽑을 수 있지만 그보다 오랫동안 사용할 수 있어 경제적으로 유리하다.

또한 절전·절수기를 사용하면 자원 절약은 물론이고 환경 보호까지 하게 된다.

절전·절수 용품은 어떤 것이 있는지 알아보자.

1. 냉장고 등에 쓸 수 있는 전기 절약기
2. 방이나 거실에 쓰는 백열등 대신 절전형 삼파장 램프

3. 수세식 양변기 물탱크에 넣는 절수기

4. 절수형 샤워 꼭지

5. 건전지를 충전해서 쓰는 건전지 충전기 등등

6. 컴퓨터 전기 사용의 낭비를 줄일 수 있는 절전 프로그램
   (스크린 세이버)도 있다. 절전 프로그램은 일정 시간 PC
   작업을 하지 않으면 자동으로 프로그램이 작동해 수면 상
   태가 되어 절전 상태로 들어가는 것이다. 사용자가 자판이
   나 마우스를 움직이면 다시 화면이 이전 상태로 돌아간다.
   이 절전 프로그램은 40% 이상의 전기 소비를 줄일 수 있
   다. 그러나 30분 이상 PC를 사용하지 않을 때는 전원을 끄
   는 것이 낫고 전원 플러그까지 뽑아 두는 것도 잊지 말자.
   이렇게 하면 전자파의 피해도 조금은 줄일 수 있다.

젖은 구두의 손질법

비에 젖은 구두를 그대로 두면 하얀 곰팡이 얼룩이 생기는 것을 보았을 것이다. 이는 가죽 내부의 염분이나 지방분이 겉으로 스며나왔기 때문이다.

일단 구두가 젖었을 때는 물기를 깨끗이 닦아 내고 흙도 털어 낸다. 그런 다음 벤젠을 분무기에 넣어 뿌려 주고 그늘에서 말린다. 구두의 모양을 바로 잡으려면 구두 속에 신문지를 구

겨 넣으면 된다.

새 구두를 신기 전에는 비누질을

구두를 신으면 발 뒤꿈치가 아프고 물집이 생길 수 있는데 이것을 방지하려면 뒤꿈치가 닿는 부분에 비누를 문지른다. 그런 다음 발뒤꿈치에도 대일 밴드를 붙이고 신으면 물집이 생기지 않는다.

구두의 표면이 벗겨졌을 때는 양초를 이용한다

두의 앞쪽은 유난히 표면이 잘 벗겨진다. 멋쟁이는 특히 구두에 많은 신경을 써야 진짜 멋쟁이가 될 수 있다. 표면이 벗겨졌을 때의 수선법은 다음과 같다.

1. 양초 토막을 구두의 벗겨지거나 윤이 나지 않는 부분에 골고루 문지른다.
2. 성냥불을 갖다 대고 양초를 녹인다.
3. 양초가 가죽에 스며들면 그때 구두약을 칠해서 닦으면 된다.

구두의 광택내기

저 구둣솔로 구두의 먼지를 깨끗이 털어낸다. 그런 다음 융이나 골덴 조각으로 구두를 닦으면 쉽게 광이 난다. 바쁜 아침 골덴 조각이나 융으로 구두를 닦으면 시간이 절약된다.

부츠 보관법

겨우내 부츠를 신다가 날씨가 따뜻해지면 보관을 해야 한다. 보관할 때는 부츠를 잘 닦은 다음 그늘에서 속까지 말린다. 그런 다음 신문지를 여러 장 둥글게 말아 부츠 속에 넣어도 되고, 음료수 병을 부츠 속에 넣어도 부츠가 주름이 잡히지 않아 오래 신을 수 있다. 부츠는 항상 세워 보관한다.

◯ 장마철 집안 관리 요령

1. **옷장과 옷** — 옷은 옷걸이에 걸어 놓고 수시로 문을 열어 둔다. 이틀에 한 번 정도는 선풍기 바람을 쐬어 준다. 좀이나 곰팡이로 인한 옷의 손상을 막기 위해 방습제, 방충제를 넣어 가구와 옷이 상하는 일이 없도록 하고 방습제는 물이 가득 차면 바꿔 준다.
2. **이불** — 이부자리도 장마철에는 늘 축축하고 묵직한 느낌이 든다. 그러므로 가끔 햇볕에 말려 이불에 서식하는 진드기 등을 제거하도록 한다. 단, 장마중의 반짝 햇살에 이불을 말리면 땅이 완전히 마르지 않은 상태에서 지표면에서 올라오는 습기 때문에 더욱 습기가 차게 되므로 주의한다. 비가 계속 오고 있으면 선풍기 바람을

쐬어 줘도 효과적이다.

3. **구 두** — 구두 속에 신문지를 뭉쳐서 넣어 둔다. 그러면 습기를 빨아들이고 구두코도 보호해 주므로 일석이조의 효과가 있다.

4. **속 옷** — 특히 여름철에는 피부와 맞닿는 속옷은 반드시 살균 소독을 해주는 것이 좋다.

5. **우 산** — 젖은 우산은 마른 수건으로 닦아 주고 녹이 슬 염려가 있는 부분은 콜드 크림을 발라 놓는다.

6. **건 물** — 내외 벽에 금이 가거나 수리할 곳이 있으면 미리미리 고쳐 놓고, 정원 주변에도 배수로를 예방 차원에서 미리 파 둔다.

7. **걸레와 행주** — 사용 후에는 항상 깨끗이 헹궈서 말린다. 바짝 말려야 세균 번식을 예방할 수 있다.

이사할 때 전화는 이틀 전에 전화국에 신고한다

 사를 한 후 전화가 없어서 불편할 때가 있다. 그러나 이사 가기 이틀 전에 각 전화 국번+0000번으로 신고 하면 이사한 후 전화 코드를 콘센트에 꽂기만 하면 자동적으로 전화 연결이 된다. 단 전화선 훼손시는 개통이 지연될 수 있다.

　이 서비스는 무출동 전화 개통 서비스라고 해서 직접 방문하지 않고 전화국 내 작업으로 자동 철거, 자동 개통된다. 무엇보

다 이 서비스를 이용하면 이전 장치비가 14,000원에서 10,000원
으로 28%가 할인된다.

7

의학상식

영구치가 빠져 버렸을 때 응급 처치법

아이들이 친구들과 어울려 놀다 보면 자연히 움직임이 많아 나온 지 얼마 되지 않은 영구치 앞니를 깨뜨리거나 아예 빠져 버리는 경우가 있다. 영구치는 평생 사용해야 하므로 만약 이런 일이 생기면 큰 걱정이 아닐 수 없다.

이런 경우 당황하지 말고 빠지거나 부러진 치아를 찾아 생리 식염수 또는 우유 속에 넣거나 아니면 혀 밑에 넣고 최대한 빨리 치과에 가야 재이식수술의 성공률이 높아진다. 아

이를 키우는 부모는 항상 이런 응급 처치법을 기억해 두는 것이
만약의 사태에 대비할 수 있다.

치실 사용법

실은 치아 사이의 찌꺼기나 플러그를 제거하기 위한
구강 위생품이다. 이쑤시개를 사용하면 치아 사이가
넓어지거나 잇몸에 염증이 생길 수 있으므로 사용하
기 번거롭더라도 치실을 쓰는 습관을 기르도록 한다. 치실은 치
아 사이의 부폐물을 제거함으로써 잇몸 염증을 예방하고 잇몸
을 적당히 자극해 튼튼하게 만들어 준다.

치아 미백제

피나 홍차를 많이 마시거나 담
배 등을 장기간 피우면 치
아에 색소가 배 누렇게 변
한다. 요즘은 치아 미백제나 미백
치약을 사용하는 사람이 많은데
거기에 포함된 과산화수소는 표백
작용뿐만 아니라 살균 작용도 하
므로 장기간 사용하면 구강 상주균
까지 모두 죽여 체내 면역력이 떨어
진다. 계속해서 한달 이상 사용하는 것
은 좋지 않다.

구강 청정제

탄올 같은 살균 성분이 포함된 구강 청정제도 장기간 사용은 피해야 한다. 그러나 입 안에 상처가 있을 때는 염증을 예방하고 상처 치유를 촉진하기도 한다.

치아의 칼슘 성분과 결합, 산에 강하도록 해주는 불소 성분은 오래 사용해도 괜찮다.

위생적인 칫솔 관리

솔에도 세균이 산다. 칫솔은 통풍과 건조가 잘 되는 곳에 칫솔끼리 서로 부딪치지 않게 보관하는 것이 좋다.

또는 컵에 칫솔을 세워 햇볕이 잘 드는 곳에 두면 살균 효과가 있고 가끔은 뜨거운 물에 담가서 소독한 후 사용한다.

세균을 없애주는 숯의 효능

히 숯은 장 담글 때만 넣는 걸로 알고 있지만 실은 숯의 효능은 여러 곳에서 입증되고 있다. 숯은 불순물을 빨아들이는 흡착력이 뛰어나다. 그것은 다공성인 숯의 구멍 속에 서식하는 미생물이 세균을 없애 주기 때문이다. 또 숯 자체에서 발생하는 음이온이 우리 몸에서 발생하는 나쁜 양이온을 중화시켜 준다. 이런 성질을 이용해 다음과 같은 다양한 효과를 얻을 수 있다.

1. 숯이나 숯가루를 작은 단지나 바구니에 담아 냉장고, 화장

실, 신발장, 자동차 안 등에 두면 탈취 효과를 얻을 수 있다.

2. 야채를 씻는 물에 넣으면 농약 성분을 없애는 데도 도움이 된다.

3. 목욕물에 담가 두면 일종의 온천 효과도 볼 수 있다.

4. 숯불에 갈비를 구우면 숯에서 나오는 원적외선 때문에 고기가 제맛이 난다.

5. 숯은 습기를 제거한다.

※ 숯은 가끔씩 끓는 물에 넣고 삶은 후 햇볕에 바싹 말려 주면 반영구적으로 사용할 수 있다.

손목, 발목이 삐었을 때

손목, 발목이 삐는 것을 예방하는 최선책은 충분한 준비 운동을 한 다음 운동이나 등산을 하는 것이다.

일단 손목이나 발목이 삐었을 때는 전문의의 치료를 받는 것이 좋다. 치료를 받지 않으면 반복적으로 인대 손상을 당할 수 있기 때문이다.

운동중에 미끄러져 넘어지거나 가볍게 다쳤을 때는 다친 부위에 얼음 찜질을 해주고 그 부위를 탄력 붕대로 압박해 주도록 한다.

● 호흡기 질환 예방과 치료

환절기엔 알레르기 체질이 아닌 사람도 감기에 걸리기 쉽다. 특히 면역력이 약한 어린이는 사람이 많이 모이는 곳은 가급적 피하는 것이 좋다. 외출 후에는 반드시 손을 깨끗이 씻어 주어야 하며 집안의 온도는 20℃ 정도, 습도는 50~60%로 유지시켜 주는 것이 좋다. 일단 감기에 걸리면 안정을 취하고 수분과 영양을 공급해 주도록 한다.

민간 요법으로 감기를 치료할 수 있는 방법은 다음과 같다.

기 침

오미자를 끓여서 엽차를 마시듯 자주 마셔 주면 어느 틈엔가 기침이 멎게 된다. 무를 강판에 갈아서 즙을 낸 후 조청이나 꿀을 섞어 따뜻하게 해서 먹어도 좋다. 그러면 기침이 멎으며 목이 쉰 것도 낫게 해준다. 또 담을 없애 주고 두통에도 효과가 있다. 어린이에게는 배의 꼭지를 따고 속씨를 둥글게 파낸 다음 꿀을 넣고 쪄 배가 물렁해지면 꼭 짜서 그 즙을 한 숟가락씩 먹이면 효과가 있다.

감기를 빨리 낫게 하려면

감기를 빨리 낫게 하려면 생강을 넣은 홍차를 마셔 보도록 한다. 홍차 한 컵에 생강을 갈아서 넣어 뜨거울 때 마시거나 홍차에 우유나 꿀을 넣고 마셔도 좋다.

가래, 목감기, 콧물에는 마늘을 깨끗이 다듬어서 채를 쳐서 꿀이나 설탕물에 재워 두었다가 먹는다. 이렇게 하면 식도뿐 아니라 기관지까지도 마늘의 자극을 받아 가래 때문에 생기는 거르릉거림이 없어진다.

코가 막힐 때

코가 막히면 갑갑하고 머리까지 묵직해서 기분이 좋지 않다. 이럴 때 쑥을 비벼서 콧구멍에 잠깐 끼우면 막혔던 코가 확 트인다. 또는 뜨거운 물수건으로 콧망울 위에 습포를 하고 막힌 코가 위쪽으로 가도록 옆으로 누워서 자면 코가 뚫린다.

양파로 즙을 내 마셔도 좋다.

골다공증 예방법

골다공증은 나이가 들면서 뼈에 이상이 생기는 병이다. 나이가 들면 뼈세포가 새로 만들어지는 것보다 소실되는 양이 많다. 뼈가 바람 빠진 무처럼 되어 버리는 것이다. 이런 뼈는 쉽게 부러지고 한번 부러진 뼈는 잘 붙지도 않는다.

보통 폐경 후의 여성은 새로 만들어지는 뼈세포보다 없어지는 뼈세포가 세 배 이상이나 된다. 이밖에 조기 폐경과 흡연, 과다한 음주도 골다공증의 원인이 된다.

골다공증을 예방하려면 젊었을 때부터 규칙적인 운동을 하고 칼슘, 비타민 등을 충분히 섭취해 뼈를 튼튼하게 만들어 놓는 것이 좋다. 특히 임신이나 수유 기간에는 우유나 멸치 등을 섭취해 많은 양의 칼슘을 보충해 주어야 한다.

그리고 비타민 D는 칼슘 흡수를 도와주므로 간, 계란 노른자 등도 섭취량을 늘리도록 한다.

특별히 만 35세 전후부터는 우유와 유제품, 뼈째 먹는 생선, 김 등을 많이 섭취하고 우유가 싫은 사람은 탈지 분유를 먹도록 한다.

커피, 홍차, 찬 음식의 나트륨은 칼슘 흡수를 방해하므로 가급적 피하는 것이 좋다.

폐경기에 가까운 여성은 골 밀도를 측정해 보고 이상이 있으면 바로 병원에서 치료를 받는다.

유방암 자가 진단 요령

유방암은 손으로 만져 보거나 눈으로 살피는 것만으로 조기 진단이 가능하다. 손으로 만졌을 때 멍울이 만져지면 일단 유방암이 아닌지 의심한다. 암이 아닌 양성 종양은 표면이 매끄러우며 감촉이 부드러운 반면 암은 표면이 울퉁불퉁하고 딱딱하게 느껴진다. 그리고 뿌리가 박힌 것처럼 멍울이 잘 움직이지 않는다.

자가 진단은 매달 정기적으로 생리 시작일부터 7~10일이 지난 후 유방이 가장 부드러울 때 하고 폐경기의 여성은 아무 날이나 하루를 정해서 하면 된다.

유방암 예방법

1. 고칼로리, 고단백, 고지방 음식은 피한다.
2. 여성 호르몬 제재는 가급적 삼가한다.
3. 흉부 X—레이도 자주 찍지 않는다.
4. 30~40대 여성은 한달에 한 번씩은 자가 진단을 한다.
4. 1년에 한 번씩은 병원에서 정기적인 검진을 받는다.
5. 유방 특수 촬영은 2~3년에 한 번, 50대 여성은 해마다 하는 것이 좋다.
6. 가족 중에 유방암에 걸렸던 사람이 있으면 유방암에 걸릴 확률이 높으므로 젊은 여성이라도 1년에 한 번씩 병원에서 진단을 받는다.

1. 거울 앞에 서서 양손을 머리와 허리에 얹고 가슴에 힘을 주면서 유방 상태를 관찰한다.

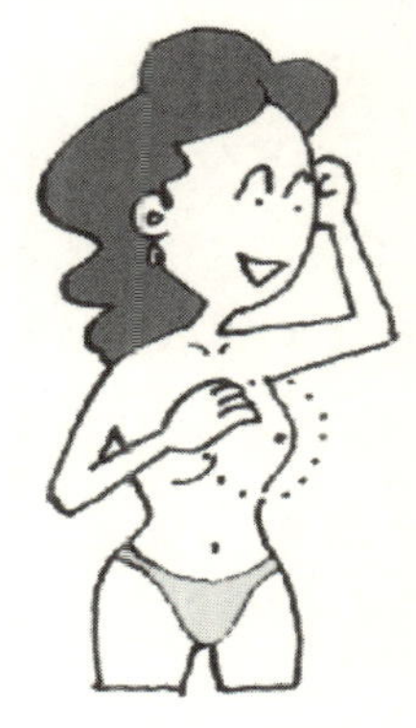

2. 한쪽 팔을 머리 위로 올리고 반대편 손가락으로 유방을 누르거나 원을 그리며 만지면서 멍울이 잡히는지 확인한다.

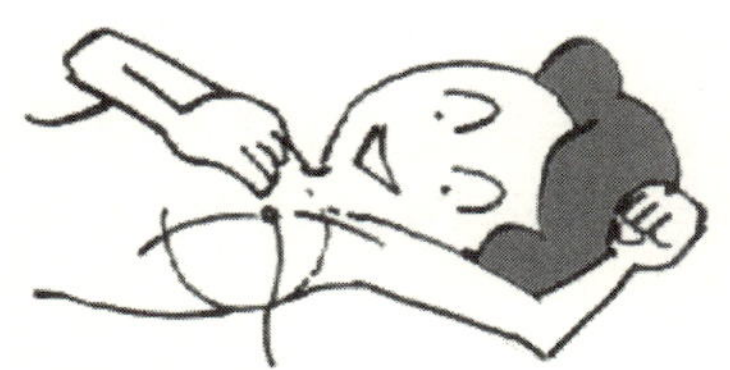

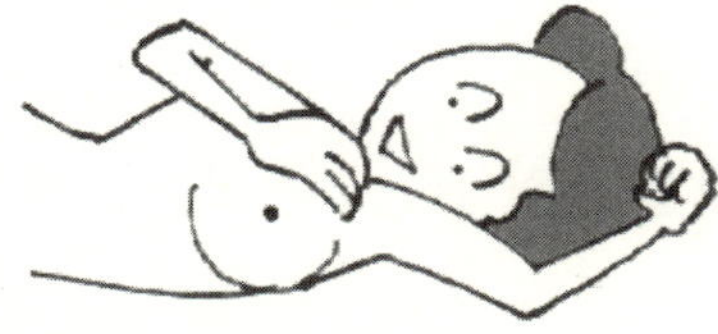

3. 반듯이 누워 유방을 네 등분한 뒤 각 부위를 만져본다.

4. 겨드랑이 임파절도 부풀어 있는지 살펴본다.

5 유두를 조심스럽게 짜면서 분비물이나 혈액이 나오는지 살핀다.

여름철에 섭취해야 할 영양소

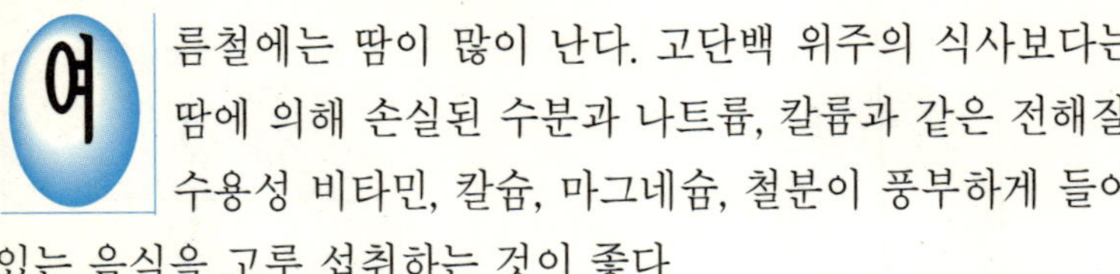

여름철에는 땀이 많이 난다. 고단백 위주의 식사보다는 땀에 의해 손실된 수분과 나트륨, 칼륨과 같은 전해질, 수용성 비타민, 칼슘, 마그네슘, 철분이 풍부하게 들어 있는 음식을 고루 섭취하는 것이 좋다.

야채는 무기질, 비타민 등을 보충해 주고 육류는 체력을 보강해준다. 더위에는 쇠고기보다는 닭, 가물치, 붕어, 숭어, 잉어, 장어, 메기 등이 입맛을 돋워 준다. 그러나 여름철 민물생선은 반드시 익혀서 먹어야 한다.

오이는 껍질째 먹는 것이 좋다

보통 야채는 흰 것이 많은데 그 속에는 비타민 B와 C만 들어 있고 A는 전혀 없다. 오이에는 다소 있지만 푸른 껍질 속에 있으므로 껍질을 깎아 버리면 없어지거나 매우 적어진다. 그러므로 오이는 소금으로 문질러 씻은 후 껍질째 요리해 먹는 것이 좋다. 야채는 흰 야채보다 녹색이나 황색의 야채를 많이 섭취하는 것이 좋다.

칼슘 부족은 성인병의 원인이 된다

성인의 하루 칼슘 필요량은 0.86~1.0g이다. 칼슘은 체세포에서 중요한 역할을 하는데 칼슘이 부족하면 새로운 세포가 생겨날 수 없다. 그렇게 되면 몸이 노화되고 병에 대한 저항력도 줄어들게 된다.

⬤ 식품별 100g당 칼슘과 인의 함유량

식품명	칼슘(mg)	인(mg)	식품명	칼슘(mg)	인(mg)
미역	1300	260	살구	17	21
다시다	800	150	딸기	14	17
김	600	220	감	10	26
한천	400	8	배	2	11
고춧잎	360	58	바나나	5	23
무잎	190	30	포도	5	14
두부	160	86	복숭아	3	13
우유	100	90	사과	3	7
시금치	98	52	매실	65	13
백미	6	150	파슬리	200	65
현미	10	300	갓	160	34
밀	35	350	배추	45	22
메밀	53	320	미나리	86	53
레몬	40	24	쑥갓	74	28
보리	40	320	상추	56	53
귤	14	12			

푸른 색 채소가 좋은 이유

 른 색 채소에는 다양한 무기질과 비타민이 함유되어 있다. 그 중 무잎에는 비타민, 칼슘, 철 등이 골고루 들어 있고 파슬리, 당근잎, 케일도 이런 성분들을 다량 함유하고 있다.

평소에 상추, 쑥갓, 참나물, 파, 근대 등을 많이 먹고는 있지만 이것들의 비타민, 무기질의 함유량은 파슬리나 당근잎, 케일 보다 못하다.

시금치는 비타민 류는 많이 있지만 미네랄이 부족하다.

푸른 색 채소가 좋은 가장 큰 이유는 감자, 곡류, 콩, 고기, 계란 등에 부족한 비타민과 미네랄류를 많이 갖고 있기 때문이다.

콩이 좋은 이유

 은 열량이 많고 단백질과 지방질이 풍부하다. 콩의 단백질이 영양상 중요한 이유는 피나 살이 되는 데 없어서는 안 될 아미노산을 거의 갖추고 있기 때문이다. 이 단백질은 동물 단백질에 가까운 양질의 것이다.

감자와 고구마를 많이 먹어야 하는 이유

 자나 고구마는 수분이 많고 열량이 풍부하다. 또한 주로 전분이 많고 단백질은 적다. 그러나 영양상의 밸런스로 본다면 곡류나 콩보다 더 우수한 식품이라고 할 수 있다.

감자가 좋은 이유로는 알칼리성 식품이고 농약 같은 공해로
부터 피해를 입지 않는다는 것이다. 하루 한 끼 정도는 감자나
고구마를 먹어 체질의 산성화를 방지해야 한다.

미역, 김, 다시마가 노화 방지에 효과적이다

해조류가 노화 방지에 효과가 큰 식
품이라는 것은 이미 널리 알
려진 사실이다. 해조류에는
미네랄이 풍부하고 이 미네랄이 신
진 대사를 촉진시킴으로써 몸의 세
포를 싱싱하게 해주기 때문이다.

또 해조류는 피부를 아름답게 가
꾸어 주는 미용 식품이다. 혈액을 맑
게 하는 작용으로 피부를 내부에서부
터 아름답게 가꾸어 준다. 해조류는 강한
알칼리성 식품이며 혈액을 빨리 정화시키는 작용
도 한다.

김, 미역, 다시마 중 미역에 칼슘이 가장 많이 들어 있다.

들깨는 회복기 환자에게 좋다

들깻잎은 강한 알칼리성 식품이고 특히 비타민 A, C가
많다. 들깨를 쌀과 함께 불려 갈아서 만든 죽은 병후
회복기에 있는 환자나 노인들에게 좋으며 입맛을 돋

우는 역할도 한다.

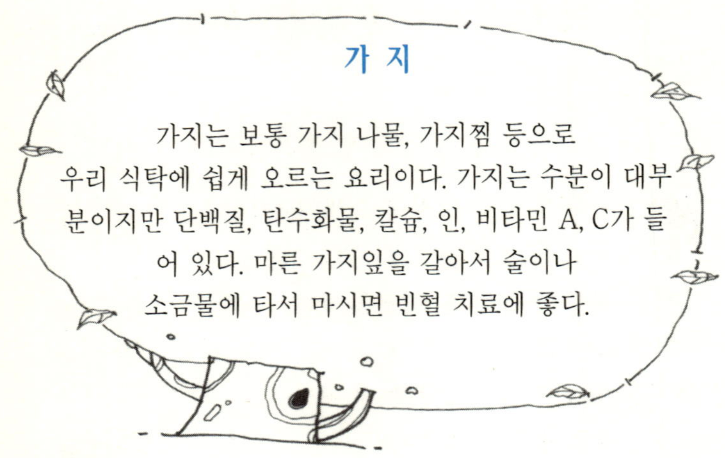

딸기에는 비타민 C가 많다

기에는 비타민 C가 많이 들어 있다. 그리고 호르몬을
조절하는 부신피질의 기능을 왕성하게 하므로 체력을
증진시키고 피부도 아름답게 한다. 또 몸이 허약한 사
람이 먹으면 원기가 회복되고 혈액을 맑게 하기도 한다.

미나리는 혈압이 높고 신열이 날 때 효과적이다

나리 즙은 혈압이 높고 신열이 날 때 좋다. 미나리에
는 비타민 A_1, B_1, B_2, C, 단백질, 지방, 칼슘, 인, 철분
등이 함유되어 있다. 또한 알칼리성 식품으로 정신을
맑게 하며 여성의 대하에도 효과가 있다.

쑥은 피를 맑게 한다

은 하루 정도 물에 담가 독한 기운을 우려낸 다음에
요리를 하면 쑥의 향취를 그대로 맛볼 수 있다.
쑥은 피를 맑게 해주고 혈압을 내리고 소화 흡수를
촉진시킨다.

부추 이용법

추는 소화 작용을 돕고 카로틴을 많이 가지고 있으며
또한 부추의 향은 생선이나 고기의 냄새를 없애 주므
로 고기 요리에 넣어 조리하면 좋다.
부추는 이른 봄부터 여름까지 나오는 것이 가장 맛있는데 잎
의 색깔이 선명하고 길이가 짧으면서 굵은 것이 좋다. 부추를
멸치 젓국을 넣어 담근 부추 김치는 입맛을 돋우는 건강식이다.
체하여 설사할 때 부추를 넣어 끓인 된장국을 먹으면 효과가
있고 또한 장을 튼튼하게 하는 식품이므로 몸이 찬 사람에게도
좋다. 구토가 날 때도 생강즙과 섞어서 마시면 좋다.

시금치는 빈혈을 치료한다

금치잎에는 철분이, 뿌리의 붉
은 부분에는 조혈 성분인 코발
트가 들어 있어서 위를 튼튼하
게 하고 혈액 순환을 활발하게 하며 조혈
작용을 하므로 빈혈을 치료한다.

빈혈에 좋은 식품

 가 부족하면 나른하고 어지럽다. 앉았다가 일어나면 현기증이 나고 귀가 울리며 가슴이 두근거리고 숨이 차다.

계란, 탈지유, 기름기가 적은 생선, 두부, 콩, 김, 유부, 멸치, 간 등은 헤모글로빈의 생성을 높이는 식품이다.

마른 살구, 건포도, 사과 등도 양질의 단백질과 철분을 함유하고 있고 매실 풋것도 좋다.

매실 풋것을 강판에 갈아 짜낸 즙을 넓은 그릇에 담아 햇볕이나 열로 수분을 증발시킨다. 그러면 매실 액기스가 되는데 이것을 콩알만하게 환을 만들어 하루 삼 회 한 알씩 장기 복용해도 효과가 있다.

모발에 좋은 식품

 과 미역은 머리칼을 윤택하게 한다. 참깨는 백발, 발모에 좋고 팥도 탈모를 방지하고 윤기 있는 모발로 만들어 준다. 그러나 참깨를 지나치게 많이 먹으면 탈모의 원인이 될 수 있다.

비듬 치료

 듬은 여름보다 날씨가 건조한 겨울에 더욱 기승을 부린다. 비듬 치료용 샴푸를 잘만 이용하면 증상이 개선되니 다음과 같은 방법으로 꾸준히 노력해 보자.

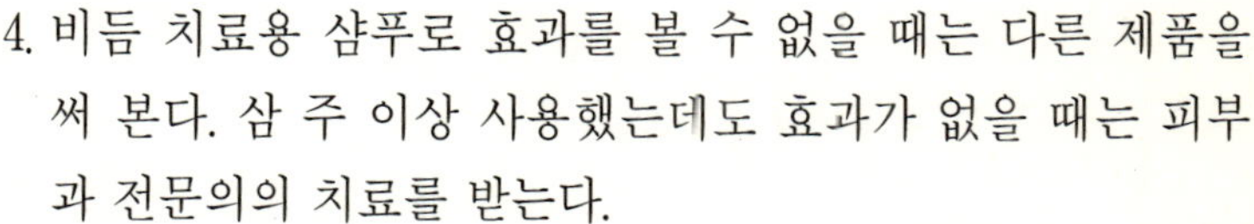

1. 머리를 하루에 한 번씩 비듬 치료용 샴푸로 감는다. 이때 두피에 비듬 치료용 샴푸가 충분히 스며들도록 5분 이상 두었다가 헹군다.

2. 비듬이 심하면 샴푸를 바른 채 샤워 캡을 쓰고 30분 정도 있다가 헹군다.

3. 비듬은 전염되지 않고 탈모와도 상관이 없다.

4. 비듬 치료용 샴푸로 효과를 볼 수 없을 때는 다른 제품을 써 본다. 삼 주 이상 사용했는데도 효과가 없을 때는 피부과 전문의의 치료를 받는다.

5. 양파를 갈아 즙을 낸 후 가제에 묻혀 두피에 가볍게 두드린 후 하루쯤 그대로 두었다가 머리를 감으면 비듬이 한결 줄어든다.

6. 비듬이 많은 사람은 염분을 적게 섭취하고 녹색 야채나 과일 같은 알칼리성 식품을 많이 먹는다.

7. 머리를 감기 전에는 브러시로 충분히 빗어 준다. 그러면 비듬이 제거된다.

8. 먹다 남은 맥주나 청주를 머리 헹굴 물에 타서 쓰면 머릿결

도 부드러워질 뿐 아니라 비듬을 없애는 데도 도움이 된다.

입에서 냄새가 나면

입에서 냄새가 나면 자신도 모르는 사이에 남에게 불쾌감을 줄 수 있다. 또한 입냄새가 심하게 나면 다음과 같은 질병을 의심해 볼 수 있다.

폐와 기관지에 농이 생기면 호흡할 때 썩는 듯한 냄새가 난다. 만성 신부전 환자의 경우 소변과 비슷한 지린내가 나고 당뇨를 오랫동안 앓게 되면 침샘이 망가져 구강이 건조해지므로 악취가 날 수 있다.

그러나 무엇보다 중요한 것은 입 속이 깨끗하지 못하기 때문이며, 혐기성 세균에 의한 경우라면 설탕물로 입 안을 헹구면 효과가 있다.

일단 구취를 없애려면 치태가 가장 많은 혀를 칫솔로 잘 문질러 주고 자정 작용을 하는 침샘을 자극하도록 이를 구석구석 잘 닦는다. 그래도 입에서 냄새가 없어지지 않을 때는 전신 질환을 의심해 본다.

담배의 니코틴도 구취의 원인이다. 건강을 위해서도 금연을 하는 것이 좋다.

입 주위가 헐 때

술이 갈라지고 짓물렀거나 여드름 비슷한 것이 났다면 비타민 B₂가 부족한 것이다.

혹은 소화 기관이 나빠서 일어나는 증세일 수도 있으므로 전문의의 치료를 받는다. 비타민 B₂가 모자랄 경우에는 우유, 달걀, 신선한 채소를 많이 먹어야 한다.

입 안이 헐 때

안이 헐 때는 제일 먼저 청결하게 입 안을 양치질하거나 구강 세정제로 가글링을 해주는 것이 좋다. 과로나 스트레스 때문이라면 충분한 휴식과 균형 있는 영양을 섭취해야 한다. 그러나 2주 이상 오래 가는 등 상처가 예사롭지 않다면 전문의의 치료를 받는 것이 좋다.

입 안이 헐면 혀를 이용해 상처를 건드리게 되는데 그것은 좋지 않다. 맵고 짠 음식이나 뜨거운 음식도 피하고 담배와 음주도 피한다.

눈이 피로할 때

이 피로해졌을 때는 눈 운동을 해주자. 먼저 눈을 감고 손가락 두 개로 눈 위를 꾹 눌러 준 다음 손가락을 세워서 눈동자의 위와 아래를 차례로 눌러 준다. 이렇

게 3초씩 서너 차례 되풀이한 다음 눈동자를 위아래, 좌우로 회전시켜 준다.

또는 멀리 있는 경치를 지그시 바라보는 것도 좋은 방법이다. 눈의 피로에는 비타민 A를 많이 섭취해야 한다. 당근 한 개, 사과 반쪽, 레몬 반쪽을 갈아서 꿀을 조금 섞어 주스로 마시면 좋다.

피부가 닭살이라면

천적이든 후천적이든 피부가 닭살이라면 비타민을 보충해 주는 것이 좋다. 또는 귤껍질이나 레몬 껍질을 물에 띄워 놓고 목욕을 하면서 그 껍질을 피부에 문질러 준다. 그런 다음 비타민 A, D, E 등이 함유된 영양 크림으로 마사지를 해주고 피부에 좋은 당근, 토마토, 녹황색 채소를 많이 먹는다.

일시적으로 닭살이 되는 사람도 있는데 이때도 비타민을 보충해 주면 피부가 고와진다.

◯ 피부에 좋은 식품

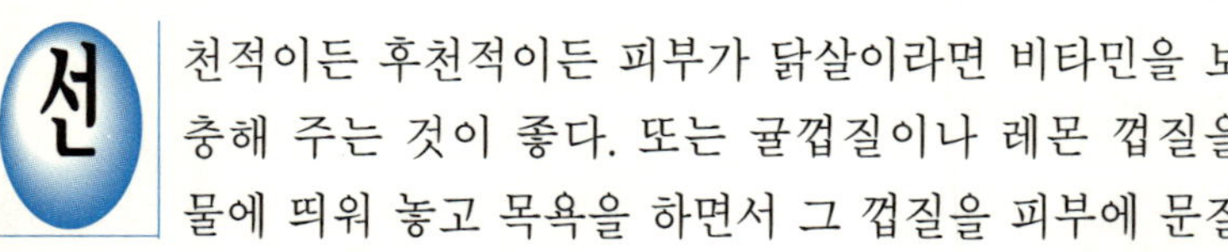

식물성 단백질을 중심으로 야채, 생선, 해조류 등의 음식은 살결을 아름답고 매끄럽게 가꿔 준다.
1. 참깨나 흑임자 깨는 매끄러운 살결과 신진 대사를 촉진한다.
2. 수박은 거친 피부를 예방하고 오이는 이뇨 작용을 원활히

해서 피부에 탄력을 유지시킨다.
3. 토마토는 잔주름을 방지하고 탄력 있는 피부를 만들어 준다.
4. 가지는 즙을 내어 여러 번 얼굴에 바르면 피부의 잡티를 제거한다.
5. 당근은 호르몬 분비를 돕고 기미도 예방한다.
6. 콩나물은 피부 세포를 젊게 하고 살갗도 희게 한다.
7. 꿀은 피로 회복에 좋고 피부를 강하고 매끄럽게 한다.
8. 사과는 피부를 매끄럽게 한다.
9. 미역, 다시마는 호르몬 분비를 왕성하게 해 피부에 윤기를 준다.

독나방 가루가 피부에 묻었을 때

나방 가루가 피부에 묻었을 경우에는 비누로 깨끗이 씻고 항히스타민 연고를 바른 후 물수건으로 찜질해 준다.

독충에 물렸을 때는 침을 먼저 빼고 암모니아수로 중화시킨 후 찬 물수건으로 통증을 완화시킨다. 가려워도 긁어서는 안 되고 부신피질 호르몬 연고를 발라 준다. 야외로 나들이를 갈 경우에는 항상 간단한 의약품을 준비한다.

참고로 벌레는 짙은 화장품 냄새나 화려한 옷일수록 잘 날아

드니까 유의한다.

벌레가 귀에 들어갔을 때

자주는 아니더라도 야외에서 벌레가 귀에 들어가서 당황했던 경험이 있을 것이다.

이럴 때는 귓구멍에 밝은 손전등을 비추어 주거나 손 거울로 빛을 반사시키면 벌레가 빛을 따라 나온다.

모기의 습성

여름철에는 모기가 많아 항상 신경이 쓰인다. 특히 아이가 있는 집에는 모기약을 많이 쓰는데 밀폐된 공간에서 모기약을 많이 사용하는 것은 인체에 해롭다. 뿌리는 모기약이나 전기에 꽂아 쓰는 매트형 모기약도 살충 성분이 있어 인체에 해롭기는 마찬가지다.

모기는 사람 몸에서 나는 이산화탄소나 젖산 냄새 등을 맡고 찾아온다. 또 축축하고 따뜻한 환경을 좋아한다. 모기는 일단 집 안으로 들어오면 처음에는 벽에 붙어서 가만히 있는 습성이 있다. 그러므로 아기 잠자리는 벽에서 멀리 두고 잠들기 전에는 깨끗이 목욕시킨다. 그리고 향기로운 화장품은 가능한 피하고 밝은 색 옷을 입히는 것이 좋다. 모기는 어

두운 색을 더 좋아하기 때문이다.

물 속에서 쥐가 날 때

물 속에서 쥐가 나는 것은 쥐가 난 부분의 근육 운동이 많았기 때문이며 찬 물에 오래 들어가 있어서 혈액 순환이 나빠졌기 때문이다.

장딴지에 쥐가 나면 장딴지를 문지르면서 무릎을 펴 엄지발가락을 발등 쪽으로 세게 젖힌다. 어느 정도 근육이 풀렸으면 물에서 나와 몸을 따뜻하게 해준다.

땀띠가 나면

땀띠가 나면 오이를 잘라서 그 즙으로 문질러 준다. 땀띠도 없어지고 피부 미용에도 좋다. 일단 땀띠가 나면 시원하게 옷을 입고 찬 물로 목욕하면 증상이 좋아진다.

머리숱이 적으면

머리숱이 적으면 미역, 다시마, 치즈, 우유, 신선한 채소를 많이 먹고 아침 저녁으로 두피를 마사지해 준다. 혈액 순환이 좋아져 머리도 잘 자라게 된다. 마사지할 때는 손톱으로 해서는 안 되고 손마디를 이용해 지그재그로

마시지해 준다.

주부 건망증

기분좋게 외출했다가 문득 물을 끓이다가 가스불을 끄지 않고 그냥 나온 것 같아 불안할 때가 있다. 이런 건망증은 나이가 들면서 나타나는 단순한 기억 장애의 하나로 크게 걱정할 일은 아니다.

그러나 이런 건망증 때문에 큰 낭패를 볼 수도 있다. 우선 건망증 때문에 생기는 불안감을 막기 위해서나 안전을 위해서는 반복적이고 일정한 생활 습관을 만드는 것이 필요하다.

예를 들어 외출하기 전에는 반드시 방, 부엌 등을 순서대로 돌며 점검하고 외출을 한다든지 현관문에 점검할 사항을 적어 놓고 확인한 다음에 외출을 하면 외출 후에 느끼는 불안감에서 벗어날 수 있다.

변 비

변비의 원인은 여러 가지가 있을 수 있다. 아기를 가졌을 때나 운동 부족, 음식물을 적게 섭취하고, 섬유질이 들어 있지 않은 음식을 먹으며 수분을 적게 섭취하는 경우 변비가 생기기 쉽다.

변비를 예방하려면 규칙적인 운동과 아침마다 규칙적으로 대변을 보는 습관을 들인다. 그리고 식전에 냉우유, 냉수를 마시는 것도 좋고 사과와 당근을 강판에 갈아서 아침 공복에 한 컵씩 마셔도 빠른 효과를 얻을 수 있다.

단 음식은 장의 활동을 약화시키므로 피하는 것이 좋고 우엉, 고구마, 양배추 등 녹황색 채소를 많이 먹는다.

참고

카페인 음료 알고 마시자

1. 카페인은 커피, 콜라, 각종 드링크류, 두통약, 초콜릿 등에도 함유되어 있다.
2. 카페인 음료는 혈액 내에 12시간 정도 남아 있으므로 숙면을 위해 오전 중에 마시는 것이 좋다.
3. 불면증이 있는 사람은 오후에는 커피 등을 마시지 않는다.
4. 카페인은 칼슘과 철분의 흡수를 방해한다.
5. 이뇨 작용으로 화장실에 자주 가므로 물을 많이 마신다.
6. 칼슘이나 철분 등이 들어 있는 영양제를 복용할 때는 카페인 음료 섭취를 피한다.
7. 고혈압, 임산부, 골다공증이 있는 사람은 가급적 카페인 음료를 마시지 않는 것이 좋다.
8. 카페인 음료를 남용하면 무력감과 불면증에 빠질 수 있다.
9. 커피 한 잔은 카페인이 중추 신경을 자극해 머리를 맑게 해 주므로 일의 능률을 올려 주기도 한다.
10. 하루 4잔 이상의 커피는 몸에 좋지 않다.

전기 장판이나 전기 담요 사용시 주의 사항

전기 장판이나 전기 담요를 사용할 때는 제품이 바로 피부에 닿지 않도록 한다. 전기 장판을 사용할 때는 10cm 이상 두터운 요나 이불을 더 깔고 사용한다. 이들 전열 제품들은 가전 용품 중에서 전자파의 피해가 가장 크다.

보통 전기 장판은 잠을 자는 동안 계속 사용하므로 전자파 노출 시간이 길어진다. 가급적이면 사용하지 않는 것이 좋지만 사용시에는 되도록이면 밤이 다 새도록 켜 놓기보다는 잠자리에 들기 전에 미리 가열해 잠자리를 덥히는 데만 사용하는 것이 좋다.

전자파의 피해를 줄이기 위해서는

대체로 TV나 냉장고 등 덩치가 큰 제품은 일정한 거리를 유지하면 안전하다. 반면 몸 근처에서 사용하는 전기 면도기, 헤어 드라이어, 전기 담요, 핸드폰, 호출기 등은 가능한 사용 시간을 줄이는 것이 전자파로부터 피해를 줄이는 방법이다.

또 전자 레인지와 형광 전기 스탠드도 가급적이면 몸에서 떨어뜨려 사용한다. 모든 전자 제품은 사용하지 않을 때는 반드시 플러그를 빼 놓는다.

전기의 감전에는

감전 사고가 일어났다면 감전된 사람을 만져서는 안 된다. 일단 감전된 사람은 그냥 놔둔 채 두꺼비 집을 열어서 먼저 전기를 끊어야 한다. 감전의 충격으로 호흡이 중단되었을 때는 인공호흡을 시키면서 병원으로 빨리 옮긴다.

침대 사용은

물침대는 욕창이나 피부 손상이 있는 사람이 사용하는 것이 좋다.

침대는 딱딱해야 좋다. 왜냐하면 낮 동안 S자로 휜 척추가 바로 펴지도록 도와주기 때문이다.

올바른 베개 사용법

소파에서 잠깐 누워 있거나 너무 높은 베개를 베고 있으면 근육과 인대가 긴장되어 일시적으로 목을 가눌 수 없게 된다. 이럴 때는 마사지와 따뜻한 물수건으로 근육과 인대를 풀어 주어야 한다.

베개는 낮을수록 좋고 어깨를 받쳐 주면서 쿠션이 있어야 하며 높이는 6~8cm가 적당하다.

헤어 스프레이는 인체에 해로운가

어 스프레이가 두피에 소량 묻는 것은 건강상 큰 문제가 되지 않는다고 한다. 문제는 스프레이를 흡입했을 때이다. 스프레이에는 폴리비닐 피롤리돈이라는 발암 물질이 있는데 이를 소량이라도 흡입하게 되면 폐에서 곧바로 혈액에 섞여 인체 내부로 직접 전달된다고 한다.

그러므로 헤어 스프레이는 환기가 잘 되는 곳에서 사용하도록 한다.

무 좀

좀의 최대 예방과 치료법은 청결한 발을 유지하는 것이다. 양말도 면제품을 신고 발의 통기성을 위해서 사무실 등에서는 슬리퍼를 신는 것이 좋다.

무좀의 원인은 피부에 서식하는 곰팡이균이다. 무좀균은 영하의 온도에서도 죽지 않으므로 무좀의 치료를 위해서는 인내가 필요하다.

무좀에는 항진균제 연고를 발라야 하는데 연고를 바른 지 일주 후면 곰팡이균은 모두 죽어 버려 언뜻 완치된 듯하다. 그러나 곰팡이균은 죽어도 곰팡이 포자는 계속 남아 있기 때문에 고온 다습한 환경만 되면 재발한다.

　　그러므로 연고를 바를 때는 피부에 충분히 스며들게 골고루 문질러 주고 완치를 위해서는 6주 동안 꾸준히 연고를 발라 주어야 한다.

　　민간 요법으로는 후추와 오미자 가루를 같은 비율로 섞어 물에 개어서 바르면 효과가 있다.

발 뒤꿈치에 물집이 생겼을 때

뒤꿈치에 물집이 생겼다면 불에 소독한 바늘로 물집을 따고 물을 뺀 다음 대일 밴드를 붙인다. 물집이 터져서 빨갛게 속살이 보일 때는 과산화수소수로 소독을 한 다음 하루 정도 구두를 신지 않는 것이 좋다. 꼭 구두를 신어야 할 때는 거즈를 두툼하게 대고 반창고를 붙인 다음에 신도록 한다.

발 마사지가 피로 회복에 효과적

마사지는 발바닥 전체를 세심하게 꼭꼭 눌러 보아 통증 부위나 뭉친 곳을 찾아내 그곳을 문지르고 눌러 주어 풀어 준다. 그리고 발등도 세심히 문질러 준다. 그런 다음 발목, 종아리, 무릎 위 10cm까지 순서대로 고루 주물러 준다. 피로 회복을 위해서 10분 정도 해준다. 마사지 후에도 15분

쯤 발을 심장보다 높은 곳에 올려놓고 휴식을 취하면 더욱 좋다.

또는 맥주병을 밟고 서서 넘어지지 않도록 손은 기둥이나 문설주를 잡고는 제자리 걸음으로 병을 굴린다. 이와 같이 몇 번 하고 나면 발의 피로가 풀리게 된다. 아니면 소금을 탄 따뜻한 물에 발을 담그고 얼마 동안 마사지하는 것도 좋은 방법이다.

만성 피로에는

별히 질병이 없는데도 매사에 의욕이 없고 몸이 피곤해 나른한 상태가 계속 된다면 일단 충분한 휴식과 수면을 취한다. 그런데도 여전히 피곤이 계속된다면 휴식보다는 운동이 도움이 된다. 아침에 일찍 일어나 30분 가량 수영이나 산책, 등산 등 유산소 운동을 해 피로를 이기고 활력을 되찾아 보자. 커피나 담배는 삼가는 것이 좋다. 카페인이나 니코틴의 힘으로 잠깐 피로를 벗어난 듯해도 약효가 떨어지면 더욱 심한 무력감에 빠질 수 있기 때문이다.

술과 담배를 하는 사람은 물을 많이 마신다

강을 위해서 술과 담배는 하지 않는 것이 좋다. 그러나 술, 담배를 끊기란 말처럼 쉬운 일이 아니다. 가능하면 술과 담배의 양을 줄여 보자. 줄어든 만큼 건강을 해치는 요인도 줄어드는 것이다.

　그러나 술과 담배를 즐기는 사람이라면 가능한 물을 많이 마신다. 물을 많이 마시면 인체가 술과 담배로 인해 받은 유해 물질의 농도가 그만큼 묽어진다. 또한 물을 자주 마실 때의 만복감은 술을 마시거나 담배를 피우려는 충동을 가라앉히기도 한다.

● 갱년기는 30대 중반부터 대비를 해야 한다

　언제까지나 아름답게 살고 싶은 것이 모든 여성의 바람일 것이다.

　그러나 세월은 몸의 노화를 가져 오고 아름다움의 빛을 퇴색시킨다. 하지만 중년이 되면 여성은 원숙미와 정신적인 아름다움이 우러나온다.

　건강한 중년기와 노년기를 보내고 싶다면 30대 중반부터 신체적 변화에 대한 준비를 시작하는 것이 좋다.

　여성의 난소 기능은 보통 만 35세 이후부터 퇴보하기 시작하고 폐경이 되면 난소에서 분비되는 여성 호르몬 에스트로겐의 분비가 급격히 줄어든다. 여성 호르몬은 여성을 아름답게 해주는데 이 여성 호르몬이 감소한다는 말은 여성을 아름답게 해주는 요소가 줄어든다는 뜻도 된다.

　또한 에스트로겐의 감소로 뼈의 성분인 칼슘이 혈액으로 점점 빠져 나가 뼈가 약해지는 현상을 가져 온다.

　폐경에 이르지 않았더라도 기억력이 떨어진다거나 피부가 건조해지고 가렵다든지 자꾸 살이 찌는 등의 증상이

나타나는데 이 또한 난소 기능 저하가 그 원인이다. 특히 중년의 비만은 동맥경화나 협심증 등의 성인병에 걸릴 위험성을 내포하고 있다.

또 난소 기능 저하로 불면증과 얼굴이 화끈거리고 식은 땀이 나는 등의 갱년기 증후군이 나타나게 되는데 이런 증상들은 30대 중반부터 폐경이 될 때까지 난소 기능이 서서히 떨어지면서 생기게 된다.

그러면 어떻게 대비를 해야 할까?

30대 중반부터는 먼저 과일과 야채, 곡물 섭취량을 늘린다. 균형 있는 식단과 저지방 식사를 하고 우유나 탈지 분유를 하루에 두 컵 이상 마신다. 그리고 규칙적인 운동을 해야 한다.

그러면 중년의 비만은 어떻게 해서 일어날까? 자신의 일상생활을 체크해 보자.

1. 계단과 에스컬레이터가 있을 때 에스컬레이터를 타지는 않는가?
2. 전철이나 버스를 타면 앞을 다투어 빈 자리를 찾아 뛰어 들지는 않는가?
3. 집에서 아이들에게 손가락으로 물건을 가리키며 가져 오라고 하면서 손가락 운동만 하지는 않는가?

지방이 붙으면 몸이 무거워지고 몸이 무거워지면 움직임도 둔해진다. 움직이지 않으니까 지방이 더 늘어날 수밖에 없다. 그러므로 꾸준한 운동을 함으로써 비만을 예방하자.

보건소를 이용하여 의료비를 줄인다

 건소는 18개월 이하 영, 유아에
대한 기본 예방 접종을 무료
로 해준다. 그리고 임산부
의 산전도 검사, 혈액 검사, 초음파
검사 등도 무료이고 65세 이상 노인
에게는 모든 진료를 무료로 해준다.

　유료 서비스도 일반 병원에 비해
훨씬 저렴하고, 보건소마다 각각 다
르지만 한방 진료를 해주는 곳도 있다.
보건소 진료비는 투약 분량에 관계 없이
하루에 무조건 1,100원을 받고 있다.

의료 보험 조합의 보조금

 역이나 직장 의료 보험 조합에서는 세대주나 세대주
의 가족이 사망했을 때 장례 보즈금으로 20~30만 원
정도를 지급한다.

　장례 보조금 신청은 사망 후 2년 이내이며 사망자의 소속 의
료 보험 조합에 신청하면 된다.

　또 분만시 의료 보험이 적용되지 않는 곳에서 분만을 했을 경
우에도 분만비가 지급된다. 이 경우에도 븐만 후 2년 이내에 소
속 의료 보험 조합에 신청한다.

8

여행

8. 여 행

해외 여행 알고 떠나자

일생 동안 한 번만이라도 세계를 돌아 보며 여행을 하고 싶다는 생각을 누구나 한 번쯤 마음속에 간직하고 있는 꿈일 것이다. 그렇다면 지금 당장은 아니더라도 생활의 여유가 있을 때 마음만 먹으면 바로 떠날 수 있도록 미리 준비를 해 보자.

우선 여행사에서 예약을 할 때 주의점을 알아 보자.

여행사 여행은 패키지 여행과 주문 여행으로 나눌 수 있다.

주문 여행은 여행자의 기호에 맞춘 것으로 출장 등을 통해 해

외 여행 경험이 있고 회화가 가능하면
시도해 볼 만하다. 주문 여행은 무
엇보다 숙박 시설이 좋고 식사가
보장되며 가이드 없이 현지에
서 마음대로 즐길 수 있다는
장점이 있다. 그러나 패키지
여행보다 가격이 비싼 것이
흠이다.

패키지 여행은 단체 여행을
말한다. 가격이 싸다고 무조건
선호할 것이 아니라 가격에 따라
서 서비스의 질이 달라질 수 있음을
명심해야 한다.

여행사는 여행자와 해외 여행 계약서를 작성하게 된다. 이 계
약서는 여행 기간, 호텔 등급, 식사 횟수, 교통 수단 등의 경비
포함 여부 등이 명시되어 있다.

하나 더, 불의의 사고에 대비해 여행사가 사고 보상을 위해
얼마짜리 보험에 가입했는지를 꼭 확인한다. 그리고 여행자는
구체적인 일정을 담은 일정표와 계약서를 반드시 보관해 피해
를 입었을 때 자료로 제출한다.

예를 들어 저녁에 출발해서 숙박 기간을 줄이거나 여행중 추
가로 경비를 부담했거나 당초에 계약한 호텔이 아닌 곳에 묵었
을 때 객관적인 자료를 모아 제출하면 환불받을 수 있다. 환불
이나 보상을 안 해주면 한국 소비자 보호원 등에 피해 구제를
요청할 수 있다.

해외 여행 취소시 환불 조건

 비자 피해 보상 규정이나 여행 약관에는 해외 여행 때 여행사 잘못으로 계획이 취소되는 경우에는 고객에게 여행 개시 20일 전까지 통보하던 계약금을, 여행 개시 10일 전까지 통보하면 여행 경비의 5%, 여행 개시 8일 전까지 통보하면 여행 경비의 10%, 여행 개시 하루 전에 통보하면 여행 경비의 20%, 출발 당일에는 여행 경비의 50%를 배상하도록 되어 있다.

고객이 자기 사정으로 여행을 취소했을 때는 위약금을 여행사가 소비자에게 물어 주는 것과 같은 비율로 물어야 한다. 해외 여행 계약시 주의 사항은 계약 당시 해당 여행사가 등록업체인가를 확인해야 한다는 것이다.

그리고 반드시 서면 계약서를 받아 두어야 피해를 보지 않는다.

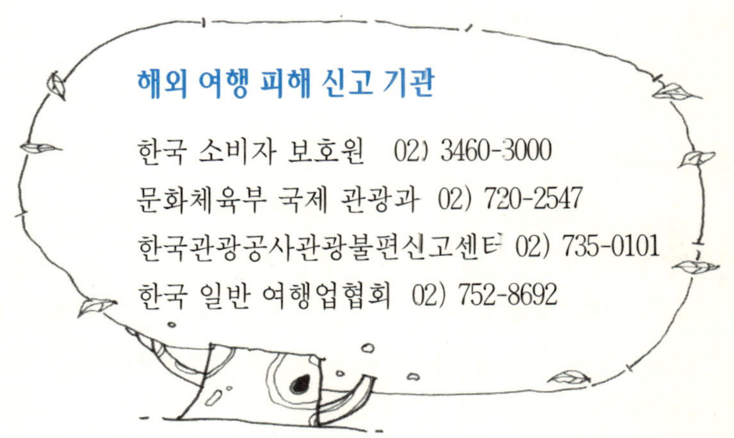

여 권

여권은 우리 나라의 외무부 장관이 상대국에 우리 나라 여행자의 보호를 요청하고 신분을 증명하는 권리를 주장할 수 있는 문서이다. 그러므로 여권은 해외 여행 중에는 항상 지니고 다녀야 하며 여행중 잃어버렸을 경우 현지에 주재하고 있는 우리 나라 대사관에서 임시 여권을 발급 받아야 한다.

여권을 발급 받으려면

여권 발급시 필요한 서류는 여권 발급 신청서, 주민등록 등본, 사진, 주민등록 사본, 신원 진술서, 병역 관계 서류이며 이를 구청이나 외무부 여권과, 각 시도 여권과에 제출하면 된다.

병역 관계 서류란 18~30세의 군필자는 읍·면·동장의 국외 여행 신고 확인서를, 병역 면제자는 주민등록 초본을 말한다.

신원 조회

14세 이상의 남녀, 신규 여행자, 신원 조회를 실시한 지 5년이 경과된 사람, 호적 등본상 변경이 있는 사람은 신원 조회를 받아야 하는데 신원 확인 조회서와 신원 진술서는 여권과에 비치되어 있고 호적등본, 여권용 사진 등이 필요하다.

여권 분실시 주의 사항

 권은 분실하거나 도난당하지 않도록 주의해야 하며 분실에 대비하여 발급 받은 여권의 여권 번호, 발행 일자, 발행 장소를 별도로 적어 보관해 둔다.

그리고 여권용 사진 2~3장과 여권 사본을 준비한다. 또 여행 국에 따라서는 여권의 유효 기간이 6개월 미만일 때는 입국 비자를 발급하지 않는 나라도 있으므로 미리 확인하고 여권 유효 기간을 연장한다.

비자(VISA)란?

 자는 방문할 국가에서 입국을 허가해 주는 상대국 정부의 입국 허가증이다. 세계의 많은 나라들이 우리 나라와 비자 면제 협정을 맺고 있지만 비자 협정이 체결되지 않은 나라들을 여행할 때는 해당국 비자를 받아야 된다.

비자 신청은 여행할 나라의 주한 대사관이나 영사관에서 하며 동일 국가에 1회 이상 방문해야 할 때는 반드시 복수 비자를 발급 받도록 한다.

비자를 발급 받으려면

 자를 신청하기 위해 준비할 서류는 여권, 비자 신청서, 여권용 사진, 호적등본 등인데 국가와 여행 목적에 따라 요구하는 서류가 다를 수 있으므로 확인한 다음에 준비를 한다.

비자를 발급 받는 데 필요한 시간도 나라마다 천차만별이고 사람이 몰리면 더 늦어질 수 있으므로 미리 충분한 시간을 갖고 준비를 해야 한다.

● 일반인 비자 면제 협정 체결국

구 분		국 가 명
30일		튀니지
60일		이태리, 포르투갈, 레소로
90일 또는 3개월	아시아·태평양 지역	태국, 싱가폴, 파키스탄, 방글라데시, 뉴질랜드, 말레이지아
	미주 지역	바베이도즈, 바하마, 코스타리카, 콜롬비아, 도미니카, 그레나다, 자마이카, 페루, 아이티, 도미니카 연방, 세인트루시아, 세인트키네비스, 세인트빈센트 그레나다, 트리니다드토바고, 수리남, 안티과, 버뮤다, 니카라과, 멕시코
	유럽·중동 아프리카 지역	그리스, 오스트리아, 스위스, 리히텐슈타인, 프랑스, 핀랜드, 스웨덴, 영국, 모로코, 덴마크, 노르웨이, 아일랜드, 아이슬란드, 네델란드, 벨기에, 룩셈부르크, 독일, 스페인, 라이베리아, 몰타, 폴랜드, 이스라엘, 헝가리, 불가리아, 체코, 터키, 슬로바키아, 루마니아
캐나다는 협정이 아닌 상호 합의에 의한 비자 면제 국가이다.		

항공권

공권은 여행중 한 곳에 머물 때는 출발 3일 전, 3일 이내르 머물 경우에도 하루 전에 반드시 재확인해야 항공사가 취소하는 경우를 막을 수 있다. '오픈 티켓'을 구입한 경우에는 현지 여행사나 항공사 카운터에서 이용할 날짜와 시간, 항공편을 밝히면 티켓에 기입해 준다. 부득이 일정을 변경해야 할 때는 같은 항공사의 다른 항공편에 새 예약을 할 수 있다.

항공권의 환불은 항공권 유효 기간 만료 30일 전까지 신청해야 한다.

출국 절차

행기를 타고 해외로 나가려면 비행기 출발 2시간 가량 전에 미리 공항에 나가 있어야 한다. 만일의 사태에 대한 여유 시간이기도 하지만 출국 수속을 해야 하기 때문이다.

김포 공항 국제선은 1청사가 외국 항공사 전용이고 2청사에는 대한 항공과 아시아나 항공 등과 함께 일부 외국 항공사가 입주해 있어 입국이든 출국이든 해당 항공편의 사무실이 입주한 청사만 이용해야 한다.

먼저 공항에 도착하면 이용 항공사의 카운터로 찾아가 여권과 구비 서류를 제시해 좌석번호가 적힌 탑승권을 받는다. 좌석을 배정받을 때는 금연석과 흡연석, 창가 등을 구분해 요구할 수 있다.

또 기내로 가져 갈 수 없는 수하물을 부치고 화물 인환증을 받는다. 짐은 중간에 비행기를 갈아타는 경우라면 최종 목적지까지 부치는 것이 편리하다.

탑승권에는 탑승 시간과 탑승구 번호가 적혀 있으므로 확인 후 탑승에 차질이 없도록 해야 한다.

세 관

기내 휴대품에 대한 보관 검사를 마치고 세관 신고를 한다. 고급 시계나 고가의 카메라, 보석 등 값비싼 물품을 지니고 나갈 때는 세관에 신고해야 입국할 때 세금을 물지 않는다. 필름은 은박지로 싸 두어야 X—레이 투시 검사 때 손상되지 않는다.

출국 심사

세관 신고가 끝나면 법무부 출국 심사대에 탑승권, 여권, 출입국 신고서를 제출해 출국 스탬프를 받으면 모든 수속이 끝난다. 그리고 나서 탑승권에 적힌 탑승구의 번호를 확인하고 면세 구역인 출국 라운지에 머무른다. 안내 방송에 따라 항공기에 탑승한다.

도심 공항 터미널

성동 무역 센터 옆의 도심 공항 터미널에서도 탑승 수속을 밟을 수 있다. 다만 도심 공항 터미널에 입주한 항공사만을 이용할 수 있으니 착오가 없도록 확인해 두어야 한다. 여기서 출국 심사까지 마치고 김포 공항행 리무진 버스를 타면 공항에서는 간단한 보안 검색만 받으면 된다.

● 항공사 공항 입주 현황

1청사	에어 캐나다, 에어 프랑스, 안셋 호주, 영국 항공, 콘티넨탈, 캐세이퍼시픽, 델타, 우즈베키스탄 항공, 재팬 에어 시스템, 일본 항공, 네덜란드 항공, 전일본 공수, 노스웨스트, 몽골 항공, 필리핀 항공, 싱가포르 항공, 러시아 항공, 타이 항공, 유나이티드, 브라질 항공, 블라디보스토크 항공, 크라스노야르스크 항공, 그랜드 에어
2청사	알리탈리아, 중국 민항, 중국 북방 항공, 가루다 인도네시아, 이베리아, 대한 항공, 루프트한자, 말레이시아 항공, 중국 동방 항공, 에어 뉴질랜드, 아시아나 항공, 콴다스, 스위스 항공, 베트남 항공
도심 공항 터미널	에어 캐나다, 노스웨스트, 아시아나, 안셋호주, 몽골 항공, 영국 항공, 가루다 인도네시아, 캐세이퍼시픽, 이베리아, 델타, 대한 항공, 에어 뉴질랜드

짐을 부칠 때

내로 가지고 들어갈 수 있는 휴대 화물은 가로, 세로, 높이의 합이 115cm 이하의 짐 한 개가 원칙이나 어느 정도 융통성은 있다.

탁송 화물은 이코노미 클래스의 경우 1인 당 20kg까지는 무료이고 그 이상은 별도 요금을 지불해야 한다. 탁송 화물에 파손되기 쉬운 물건이 있을 때는 항공사 직원에게 요청해 취급 주의표를 달면 일반 화물과 구분되어 탁송된다.

입국 절차

문국에 도착하기 전에 비행기 안에서 나눠 주는 입국 카드와 세관 신고서에 사실대로 기입한다.

입국 심사

출입국 관리에게 여권과 입국 신고서, 항공권을 제출하면 입국 목적, 체재 일수, 숙박지 등 몇 가지 질문을 하므로 미리 대답을 준비하는 게 낫다.

수하물 찾을 때

도착지 공항의 짐 찾는 곳에 가면 각 라인의 안내판에 항공기 번호가 쓰여 있는데 자기가 타고 온 항공기의 번호가 있는 곳에서 화물을 찾는다. 가방에 손수건이나 꼬리표를 붙여 두면 식별하기 편해 쉽게 찾을 수 있다.

부친 화물이 없을 때

공항 내 화물 분실 신고소로 찾아가 항공권에 붙어 있는 화물 인환증을 제시하고 분실 신고를 한다. 분실 시 항공사 측에 배상을 청구할 수 있다. 그러나 짐이 늦게 도착하는 경우도 있으므로 짐의 모양과 연락처 등을 적어 놓고 미도착 확인서를 받아 가면 도착하는 대로 전달해 준다.

귀국 절차(통관)

외국에서 사 온 물건이 면세 한도를 초과할 경우 세금을 물어야 한다. 이 경우 세율이 높은 것부터 우선적으로 면세 대상에 포함시킨다. 만약 과세 대상 물품을 신고하지 않고 통관하려다 적발되면 가산세를 물어야 한다.

통관 제한 물품

1. 총포, 도검, 화약류 등 단속법에서 규제하는 물품
2. 마약법, 향정신성 의약품 관리법에서 규제하는 물품
3. 동식물 검역법에 의거한 검역 대상품
4. 불법 잡지나 신문, 서적, 테이프

면세점

 항에서 출국 수속을 마치고 출입국 검사대를 통과한 후 이용할 수 있는 것이 공항 내 면세점이다. 면세점에서 판매하는 물건은 관세가 부과되지 않아 저렴한 가격에 구입할 수 있다.

면세점을 이용할 때 주의할 점은 각국이 규정하는 면세 한도를 넘으면 통관에 따른 세금을 내야 한다는 점이다. 비행기 안에서 담배나 술 등 간단한 물건을 파는 기내 면세점도 같은 개념이다.

부가세 환급

 럽 연합(EU) 가입국인(ETS) 가맹점이나 캐나다 일부 주, 싱가폴 등 일부 국가에서는 물건을 사면서 낸 부가세를 돌려 준다. 이들 국가에서는 물건을 살 때 여권을 보여 주면 물건값이 적힌 확인 전표를 주는데 이것을 모아 두었다가 그 나라를 떠날 때 공항에서 환급절차를 밟는다. 그러면 부가세를 낸 만큼 돈을 돌려 받을 수 있다. 환급 절차는 세관에 항공권과 전표를 보여 주고 확인 도장을 받아 와서 공항 내 환불 사무소나 귀국 후 보람 은행, 서울 은행 등 일부 은행 서비스 창구를 통해서 받을 수 있다.

이때 주의점은 세관 확인 때 쇼핑 품목을 확인하므로 미리 짐을 부쳐서는 안 된다는 것이다.

상점에 따라서는 물건값에서 세금을 미리 빼 주는 곳도 있다.

공항 상식

　외국 공항에 잠시 들르기만 하고 그 나라에 입국 수속을 밟지 않아도 되는 중간 기착과 환승에 대해서 알아 보자.

1. 중간 기착 — 장거리 노선을 운항하는 비행기가 급유나 승무원 교대 등을 위해 한 시간 정도 공항에 머무르는 중간 기착은 비행기 사정에 따른 것이므로 승객들은 잠시 비행기에서 내려 공항 보세 구역 내에서 휴식을 취하거나 간단한 쇼핑을 하다가 시간이 되면 비행기를 다시 타면 된다.

2. 환승 — 승객의 개별적인 필요에 의한 것으로 여행자가 최종 목적지로 가는 비행기를 바꿔 타야 한다. 때문에 환승 안내 표시를 따라가 항공권을 제시하고 탑승권을 받는 등 탑승 수속을 다시 밟아야 한다. 그러나 한 도시에 여러 개의 공항이 있는 경우 반드시 어느 공항에서 갈아타야 하는지 확인해야 하며 이동해서 비행기를 바꿔 타야 할 때 걸리는 시간도 고려해야 한다.

　이때 짐을 중간 경유지로 부쳤을 경우에는 다시 찾아서 부쳐야 한다. 그러므로 짐은 최종 목적지까지 바로 부치는 스루 체크인 방식을 택하는 것이 편리하다. 그러나 한 도시

에 여러 개 공항이 있을 때 같은 공항이어야 하는 등 몇 가
지 조건이 있고 국제선과 국내선간에는 스루 체크인이 안
되는 곳도 있다.

기내 상식
1. 탑승할 때 1등석은 앞트랩, 2등석은 뒷트랩으로 오른다.
2. 항공기 이착륙시나 화장실 내에서는 금연이다.
3. 이착륙 때는 좌석 정면의 '벨트 착용(fasten seat belt)' 표
   시등이 꺼질 때까지 벨트를 착용해야 한다.
4. 기내에서 신발을 벗고 앉아 있거나 맨발로 돌아다니는
   것은 실례이며 공중도덕에 어긋나는 행위도 삼가야 한
   다.
5. 만약 빈 자리로 옮겨 앉으려면 승무원의 양해를 얻어야
   한다.
6. 승무원의 도움이 필요할 때는 손으로 건드리는 것은 실
   례이며 손을 들어 신호하거나 의자 팔걸이에 있는 호출
   버튼을 누른다.
7. 기내에서 술을 마시면 기압에 의해 평상시보다 쉽게 취
   하게 되므로 마시지 않거나 소량만 마시도록 한다.
8. 기내 좌석 밑이나 위쪽에 휴대용 짐을 넣을 수 있는 공
   간이 있으므로 그곳에 넣어둔다. 지나치게 큰 휴대 화물
   은 다른 사람에게 불편을 줄 수도 있다.
9. 화장실은 사용중이면 'OCCUPIED', 비어 있으면 'VA
   CANT' 표시등이 켜진다.

10. 국내선의 경우 지정석이 없을 때는 차례대로 앉게 되는
    데 'OCCUPIED' 나 'RESERVED' 표시가 있는 곳에는
    앉지 않는다.
11. 기내는 건조한 편이므로 기내에서 수시로 서비스하는
    생수 등으로 수분을 충분히 섭취하도록 한다.
12. 오랫동안 기내에 머물러 있어야 할 경우 앉은 자세에서
    가볍게 몸을 움직여 주는 것이 낫다.
13. 비행기 탑승을 앞두고 있다면 식사를 한두 시간 전에
    가볍게 먹는 것이 좋다. 탄산 음료나 소화가 잘 안 되는
    음식은 피한다.
14. 기내에서 제공하는 식사는 좌석 등급에 따라 차이가 있
    고 자신이 먹지 않는 종류의 음식이 나올 때는 다른 것
    을 요구할 수 있다. 또 어린이나 특정 종교인을 위한 메
    뉴도 주문해서 먹을 수 있다.

● 해외 여행 갈 때 알아 둘 일

수 첩

　여행 일정을 메모할 수첩을 준비한 다음 여권, 항공권,
여행자 수표, 크레디트 카드, 운전 면허증, 연락처 등의 주
요 내용을 적어 놓아서 분실 등으로 인한 사고에 대비를
한다.

국제 전화

외국에서 국제 전화를 이용할 때는 호텔의 교환보다 우체국이나 일반 공중 전화를 이용하는 것
이 요금이 싸다.

1. 수신자 요금 부담

수신자가 요금을 지불하는 방식
이며 교환원이 요금 지불 승낙 확
인을 한 후 연결시켜 준다.

2. 번호 통화

전화번호만을 지정하여 통화하는 것으로 연
결만 되면 요금이 계산된다.

3. 국제 다이얼 통화

교환 없이 직접 통화하는 방식으로 공중 전화도 가능하고
일단 사용법을 익혀 두면 편리하다. 사용 방법은 국제전화
식별 번호—국가 번호—지역 번호—가입자 번호순으로 누
르면 된다.

예를 들어 일본의 오사카로 123-2634로 통화하고자 할 때는
순서에 따라 국제전화 식별번호 001 또는 008 등을 누르고
81(국가 번호)+6(지역 번호)+123-2634(상대방 전화 번호)
를 누르면 된다.

외국에서 우리 나라로 전화할 때도 마찬가지다. 그 나라에
도 국제 전화 식별번호가 있을 것이다. 국제 전화 식별 번호
+국가번호(한국)+지역번호+가입자순으로 누르면 된다.

해외 여행을 가기 전에 준비할 사항

　해외 여행은 우선 구체적으로 계획을 세운 다음 정확한 정보를 수집한 후 가는 것이 좋다.

1. 여행 상품과 항공권은 비수기와 성수기에 따라 크게 차이가 나므로 비수기에 판매되는 할인 상품을 이용하는 것이 비용을 절감할 수 있다.

2. 한국 관광 공사, 여행사, 국내에 상주하는 외국의 관광청, 항공사, 여행 자료실, 여행서 등에서 다양하게 정보를 수집한다. 정보는 곧 비용 절감과 직결된다. 또는 PC통신의 여행 동호회나 인터넷의 여행 관련 사이트를 보면서 정보를 얻을 수 있다.

3. 항공권을 구입할 때도 여행지가 정해졌으면 어떤 항공사가 운항을 하며, 서비스 수준은 어떤지 확인을 한다. 또 항공사에 따라 이용 요금이 다를 수 있으므로 가격도 미리 알아본다. 항공권은 단체 구입이 유리하므로 PC 통신의 여행 동호회를 통해 일정이 같은 사람끼리 단체로 항공권을 구입하는 것도 좋다.

유스 호스텔

스 호스텔은 가족끼리 저렴한 비용으로 시간을 보내기에 좋은 곳이다. 이곳에는 숙박 이외에도 배구장, 삼림욕장, 산책로 등의 시설이 되어 있고 다양한 프로그램이 마련되어 있다. 취사장도 공동으로 사용할 수 있도록 만들어져 있다.

유스 호스텔은 회원으로 가입한 사람과 일반인 등이 이용할 수 있는데, 회원증이 없으면 원칙적으로 이용할 수 없거나 회원보다 조금 비싼 요금을 내야 한다.

회원 가입은 누구나 할 수 있으며 회원에 가입한 사람은 에버랜드, 롯데월드 어드벤처 등을 이용할 때 10~30%까지 할인 혜택도 준다. 가입비는 24세 이하는 15,000원, 25세 이상은 20,000원, 가족 회원은 35,000원이고 회원증 유효 기간은 발급일로부터 1년이다.

중앙 연맹	02) 725-3031
대전 충남 연맹	042) 489-9905
서울 강남 지부	02) 424-1855
전북 연맹	0652) 86-6534
부산 경남 연맹	051) 462-9930
부여 유스 호스텔	0463) 835-3102

9 육아

9. 육 아

화 상

화상을 입었을 때는 무엇보다 찬 물
에 화상 입은 부위를 재빨리
담근다. 그러면 통증을 줄이
고 상처의 크기도 줄일 수 있다.

옷을 입은 채 화상을 입었다면 재
빨리 옷을 벗긴 다음 차게 해야 한다.
그러나 옷이 잘 벗겨지지 않을 때는 옷
위로 찬 물이 흐르게 하여 상처를 식히면
서 조심스럽게 벗겨 낸다. 옷이 피부에 달라
붙어 있을 때는 억지로 벗겨서는 안 된다.

화상 부위가 얼굴이거나 상처가 크면 병원에서 치료를 받아
야 한다. 또는 물집이 생겼거나 곪았을 때도 병원에서 치료받는

것이 좋다.

이물질을 먹었을 때

 이는 바닥에 있는 것은 무엇이든 잘 삼킨다. 아이가 입 안으로 쉽게 넣을 수 있는 작은 장난감 등은 가지고 놀지 못하게 한다. 만약 아이가 독극물을 먹었을 때는 토하게 해야 하는 것과 토하게 해서는 안 되는 것이 있다.

강한 산이나 알칼리, 석유 등의 독극물과 유리, 압정 같은 뾰족한 물건을 먹었을 때는 물질을 토하게 하지 말고 재빨리 병원으로 가야 한다. 이런 물질 등은 식도를 파괴하거나 폐에 염증을 일으킬 수 있기 때문이다. 독극물을 중화시키기 위해 의사와 연락을 취하면서 우유나 물을 먹이는 것은 괜찮다.

다량의 의약품, 나프탈렌, 향수, 샴푸, 비누, 화장품 등을 삼켰을 때는 토하게 한 후 병원으로 데리고 가야 한다. 그러나 소량을 먹었을 때는 토하게 하고 아이에게 이상이 없는지 집에서 살펴본다.

추락 사고

 이가 높은 곳에서 떨어졌거나 머리를 심하게 부딪쳤다면 먼저 상처와 의식이 있는지 살펴봐야 한다.

만약 울지 않고 가만히 있으면 꼬집어서 의식이 있는지 확인한다.

의식이 없는 아이의 몸이나 머리를 마구 흔들면 안 된다. 머리 속에서 출혈이 일어났을 수도 있기 때문에 그러면 증세가 악화될 수 있다.

의식이 깨어난 후에도 계속 졸려 하거나 하품을 하고, 귀나 코에서 피 또는 투명한 액이 나오면 구급차를 블러 바로 병원으로 가야 한다.

머리에서 피가 날 때는 깨끗한 거즈나 수건으로 눌러 지혈을 해주면 웬만한 출혈은 멎게 된다.

그러나 머리에 무엇인가가 꽂혔을 때는 꽂힌 물건을 빼지 말고 상처 부위에 두껍게 포갠 거즈를 가볍게 대고 병원으로 간다. 이때 주의할 점은 지혈을 한다고 눌러서는 안 된다는 것이다.

● 어린이 안전 사고 대처 요령

1. 아이들은 콘센트의 플러그를 뺐다가 꽂으며 놀거나 젓가락으로 쑤시기도 잘 한다. 시중에서 판매하는 콘센트 덮개로 막아 놓거나 장식장 등을 놓아 아이가 만지지 못하게 한다.
2. 옷을 다림질할 때도 화상에 주의해야 한다. 아이는 경험을 통해 위험을 쉽게 받아들이므로 다림질이 끝나고 코드를 뺀 상태에서 약간 뜨거운 기운이 느껴질 때 아이에게 손을 대어 보게 한다. 그러견 아이는 왜 주의를 주는지 알게 되어 쉽게 손을 대지 않게 된다.
3. 여름철에는 선풍기도 조심해야 한다. 미리 겉면에 망을 씌워 놓고 선풍기를 사용할 때는 항상 주의해야 한다. 또

는 아기가 자랄 때까지 벽걸이용 선풍기를 사용하면 편
리하다.

4. 아이 손이 쉽게 닿는 곳에는 의약품, 칼, 구슬, 표백제, 합
성 세제 등을 놓지 않는다. 높은 곳에 올려놓거나 미리
치워 둔다.

5. 문에 손을 찧는 경우가 많은데 잘못하다가는 골절이 되
거나 손톱이 빠질 수도 있으므로 문을 닫으면 바로 쾅
하고 닫기지 않도록 문틈에 종이라도 접어서 끼워 놓도
록 한다.

6. 목욕탕 바닥에는 항상 물기가 남아 있어 아이가 잘 미끄
러져 넘어지게 된다. 바닥에 미끄럼 방지 매트를 깔아 주
거나 물기를 제거해 준다.

아이의 행동에 문제가 있을 때

아이를 잘 키우기 위해서는 어떻게 해야 할까? 참으로
어려운 문제가 아닐 수 없다.

아이가 산만하거나 폭력적이고 적극적이지 못하는 등
의 행동을 보이면 먼저 평소에 아이를 대할 때 부모의 행동이
어떠했는지 살펴보는 것이 바람직하다. 자신도 모르는 사이에
아이에게 너무 잔소리를 많이 하지는 않았는지, 일을 한다고 해
서 아이에게 무관심한 반응을 보이지는 않았는지 등등 꼼꼼하
게 체크해 보자.

1. **아이가 신경질적이거나 산만하고 불안해 보인다.**
   또는 폭력적이고 공격적이다. 우울하고 소극적이다.

   부모의 싸움은 아이에게 바로 전달된다. 부모가 싸우면 집안 분위기는 냉랭해질 수밖에 없고 때로는 그 불똥이 아이에게까지 튀기도 한다. 아이들은 집안의 불안한 기운을 바로 느끼게 되고 아이의 성격에 그대로 묻어 날 수 있다.

   그러므로 부부 싸움을 많이 하지는 않았는지, 신경질적으로 아이를 대하지는 않았는지, 화풀이 상대로 아이에게 심한 말을 던지지는 않았는지를 생각해 보자.

2. **아이가 결단력이 없고 자신감이 부족하다.**
   눈치를 보거나 겁이 많다.

   아이와 길을 가다가 장난감을 사 달라고 조르면 어떤 때는 못 이기는 척 사 주다가도 때로는 버릇을 고친다고 안 사 주기도 한다. 또 어떤 날은 무엇이든 다 사 달라고 떼를 쓰는 아이를 보고 괜스레 속이 상한 엄마는 자신도 모르게 버럭 화를 내고 만다. 이렇게 아이한테 한 가지 일로 여러 가지 반응을 보이게 되면 아이는 무엇이 잘 하는 행동이고 또 어떤 것이 나쁜 행동인지 판단하는 능력이 희미해진다. 항상 일관성을 유지하기는 힘들지만 그래도 아이를 키우는 부모는 일관성 있는 태도를 보여야 한다.

3. 아이에게 무엇이든 스스로 선택해서 행동하게 한다.

부모는 항상 아이에게 관심을 가져야 한다. 그러나 관심이 지나치면 간섭이 되어 버리므로 주의해야 한다.

만약 부모가 아이가 하려는 일을 앞질러 해주거나 아이의 결정에 간섭을 하거나, 해 놓은 일을 못마땅해 하며 다시 해주면 아이는 스스로 판단해서 행동하지 못하게 된다.

아이는 자기가 한 행동에 언제나 제한을 받게 되면 창의력과 문제 해결 능력이 떨어진다.

아이는 놀이를 통해서 사고의 폭이 넓어지며 창의력도 생긴다.

그러나 아이의 행동이 잘못되었을 때는 지적해 주는 것이 부모가 해야 할 일이다.

4. 아이에게 언제나 따뜻한 사랑을

몸이 아프거나 요즘같이 경제가 어려운 때는 아이에게 소홀하기 쉽다. 아이를 사랑하고는 있지만 마음과는 달리 사랑이 표현되지 않아도 문제이다. 어떤 식으로든 무관심한 양육 형태를 보이게 되면 아이는 관심을 끌려고 부모가 싫어하는 행동을 하게 된다. 그리고 반항적이고 공격적인 행동을 보인다. 친구를 사귀는 능력이 부족해도 아이에 대한 부모의 태도를 살펴봐야 한다.

부모는 항상 아이에게 깊은 관심과 사랑으로 배려할 줄 알아야 한다.

1. 아이가 어떤 일을 잘못했을 때
   잘못한 그 일로만 꾸짖는다.
   만약 아이가 컵을 던져서
   깨버렸다면 그것은 분명
   잘못한 일이다. 이 일로
   인해서 그 동안 잘못한
   일까지 덤으로 꾸짖거나 아
   이의 인격에 상처를 주는 말들
   을 하는 것은 삼가야 한다. 부모는 감정적으로 꾸짖으면
   안 되고 이성적으로 꾸짖는 것이 중요하다. 예를 들어
   아이가 물을 들고 가다가 쏟아 버렸다면 그냥 걸레를 가
   져 와서 물을 닦도록 시킨다. 어른들도 가끔은 실수를
   하기 마련이다. 그러므로 실수로 물을 쏟았을 때 아이에
   게 "너는 도대체 제대로 하는 일이 하나도 없니?" "정신
   을 어디다가 두고 다니는 거야?" 등등의 꾸중을 하는 것
   보다 그냥 아이를 다독거려 준다.

2. 똑같은 행동을 했을 때 부모의 기분에 따라서 어떤 날은
   무사히 넘어가고 어떤 날은 버럭 화를 낸다면 아이는 옳
   고 그름을 판단하기 어렵게 된다. 브모는 항상 일관된
   교육 태도를 지녀야 한다.

3. 아이가 잘못을 했을 때는 바르 꾸짖어야 한다. 그래야만
   자신이 한 행동이 잘못되어서 부모로부터 야단을 맞았

다는 것을 알게 된다. 만약 아빠가 저녁에 퇴근하고 와서 아이의 잘못을 꾸짖게 되면 아이는 자신이 왜 지금 야단을 맞고 있는지 잘 모를 수 있다.

4. 남과 비교해서 꾸짖어서는 안 된다. 그리고 꾸중은 지나치지 않고 간결하게 한다.

5. 아이가 나쁜 말을 했다면 "넌 정말 구제 불능이야" 등의 말보다는 "네가 그런 말을 해서 엄마는 속상하단다"식으로 이야기를 하면 아이는 자신뿐만 아니라 부모까지 그 일로 인해서 마음 아파한다는 사실을 알게 된다.

6. 외출시 장난감을 사 달라고 고집을 피우고 떼를 쓰거나 어떤 잘못을 했을 때, 무턱대고 혼을 내서는 안 된다. 사람이 없는 곳으로 장소를 이동한 후 아이의 잘못을 지적하도록 한다. 장소를 옮기는 동안 부모는 자신의 감정을 수습하게 되고 이성적으로 꾸짖을 수 있게 된다. 아이도 인격체이므로 사람이 많은 곳에서 무턱대고 혼을 내서는 안 된다.

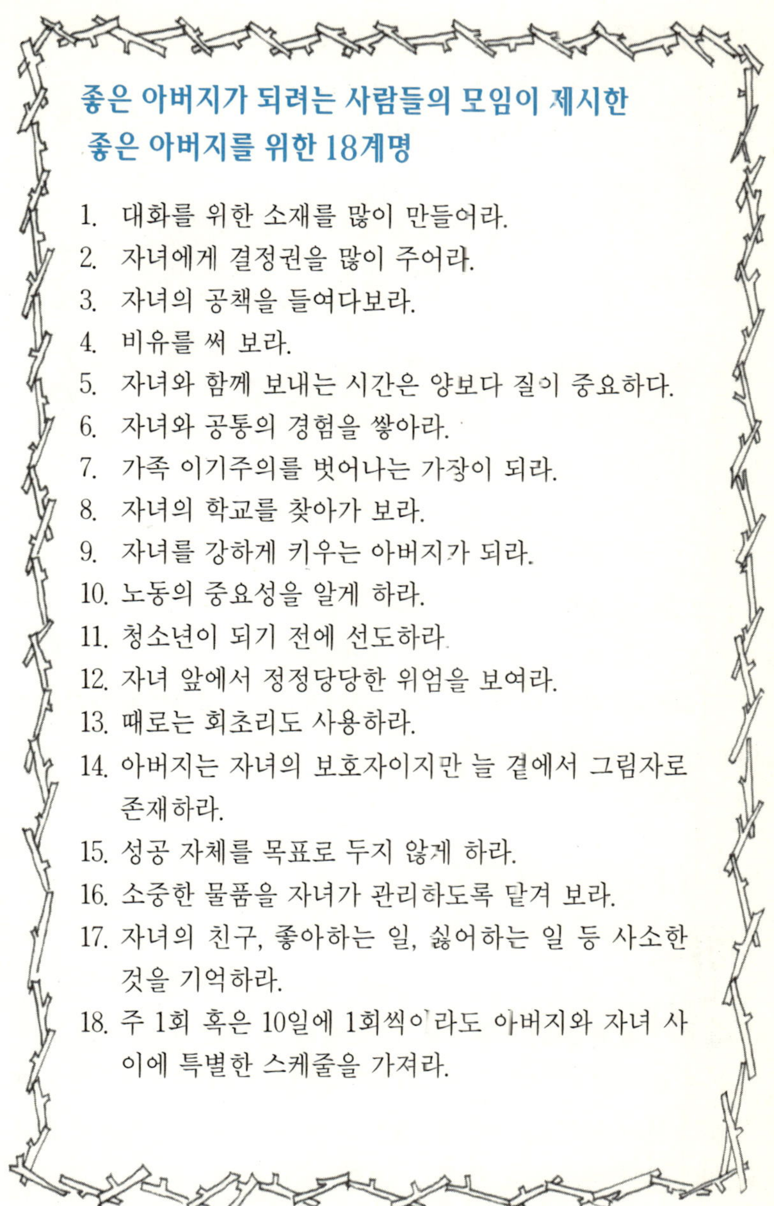

좋은 아버지가 되려는 사람들의 모임이 제시한 좋은 아버지를 위한 18계명

1. 대화를 위한 소재를 많이 만들어라.
2. 자녀에게 결정권을 많이 주어라.
3. 자녀의 공책을 들여다보라.
4. 비유를 써 보라.
5. 자녀와 함께 보내는 시간은 양보다 질이 중요하다.
6. 자녀와 공통의 경험을 쌓아라.
7. 가족 이기주의를 벗어나는 가장이 되라.
8. 자녀의 학교를 찾아가 보라.
9. 자녀를 강하게 키우는 아버지가 되라.
10. 노동의 중요성을 알게 하라.
11. 청소년이 되기 전에 선도하라.
12. 자녀 앞에서 정정당당한 위엄을 보여라.
13. 때로는 회초리도 사용하라.
14. 아버지는 자녀의 보호자이지만 늘 곁에서 그림자로 존재하라.
15. 성공 자체를 목표로 두지 않게 하라.
16. 소중한 물품을 자녀가 관리하도록 맡겨 보라.
17. 자녀의 친구, 좋아하는 일, 싫어하는 일 등 사소한 것을 기억하라.
18. 주 1회 혹은 10일에 1회씩이라도 아버지와 자녀 사이에 특별한 스케줄을 가져라.

아이와 대화하는 법

아이가 또래의 친구와 싸워서 씩씩대면서 오거나 울면서 집으로 들어오면 엄마도 화가 나서 "너도 때리고 들어오지 왜 맞고만 다녀" 하고 소리를 지른다. 엄마의 이런 말들은 아이에게 아무런 도움이 되지 않는다. 차라리 엄마는 "친구랑 싸웠니? 속상하겠구나" 또는 "아프겠다. 어디 한번 보자" 이런 식으로 너 중심이 아닌 아이의 입장에서 이야기를 하도록 한다.

그리고 아이가 다른 친구에게 맞고 들어오면 그 친구의 엄마에게 아이와 함께 가서 사과를 받도록 한다. 또는 아이가 때리고 들어왔을 때도 아이와 함께 가서 사과하도록 한다. 그래야만 아이가 잘못하였음을 알게 된다.

만 5세 이전 아동의 특징

만 5세 이전의 아이는 말귀를 알아들은 것 같은데도 하지 말라는 일을 계속해서 하는 경우가 많다.

실제로 만 5세 이전의 아이는 충분히 설명을 해도 실제로는 문제의 중요성을 이해하지 못한다. 그러므로 아이가 계속해서 하지 말라는 일을 할 때면 문제의 물건을 치우든가 문제의 장소에서 아이를 옮기도록 한다.

아이에게 체벌을 자주 가하면 지능 지수가 떨어진다.

만 5세 아이가 어떤 잘못을 저질러도 크게 잘못한 일은 별로 없을 것이다. 아이가 중요하지, 깨진 물건이나 찢어진 책이 더 중요하지는 않을 것이다.

미아 예방은

씨가 따뜻해지면 아이들은 밖에 나가서 자주 놀게 된다. 그리고 순식간에 없어진다. 그단큼 아이들의 행동은 즉흥적이고 민첩하다. 그러므로 미아가 발생되는 것을 예방하려면 평소에 교육을 시키는 것이 중요하다.

외출시에는 항상 이름과 연락처가 새겨진 목걸이나 팔찌를 착용시킨다. 그리고 평소에 아이가 자신의 이름과 집 전화번호, 엄마, 아빠의 이름 등을 외울 수 있도록 교육시킨다. 길을 잃어 버렸을 때는 동네 가게나 파출소 등에 가서 도움을 청하라고 시킨다. 놀다가 집에 들어 오는 시간이 늦어지면 반드시 집에 연락하도록 시킨다.

야뇨증

에 자는 동안 오줌을 싸는 어린이가 있는데 이는 생리적인 현상 때문이다. 어른의 경우 자는 동안 항이뇨 호르몬이 분비되어 오줌의 양이 적다. 그러나 어린이는 이 호르몬이 거의 분비되지 않아 밤에 이불에 지도를 그리게 되는 것이다.

그러나 아이가 5~6세가 되면 어른과 같은 수준의 항이뇨호
르몬이 나오기 때문에 대부분의 아이들은 야뇨증을 극복하게
된다.

밤에 아이를 깨우면 수면 리듬이 깨져 항이뇨 호르몬의 분비
가 불안정하게 된다. 그러므로 잠을 푹 재우고 자기 전에는 음
식을 싱겁게 먹이고 물도 조금만 마시도록 한다.

TV 활용으로 교육 효과를 두 배로

아이가 하루 종일 TV 앞에 앉아
있지는 않은지 먼저 체크
해 보자. 때로는 귀찮아
서 아이가 TV를 보고 있는 것을
묵과하고 있지는 않은지 살펴보
고 바보 상자를 교육 상자로 바꿔
보자.

무엇보다 TV 보는 시간을 엄격
히 지키는 것이 중요하다. 거실에서
부모는 TV를 보면서 아이들에게는
들어가서 공부하라고 하면 대부분의 아이
들은 제대로 말을 듣지 않는다. 설령 책을 본다고 해도 귀는 쫑
긋 서서 TV 소리에 더 귀를 기울이게 된다. 그러므로 TV를 거
실이 아닌 부모의 방으로 옮기든지 TV를 보지 않는 것이 낫다.

그리고 TV 프로그램 편성표를 보고 아이의 수준에 맞는 프
로를 선택해서 아이와 함께 TV를 보도록 한다. TV를 보면서도

그냥 화면을 보고 있는 것보다 프로그램에 관련된 질문을 아이에게 던져 보자. 예를 들어 동물과 관련된 프로라면 "저 새 이름은 무엇일까?", "저 새도 아기새에게 먹이를 갖다 주고 있네", "저 새의 먹이는 무엇일까?" 등등 그냥 멍청히 정신을 잃고 TV를 보는 것보다는 질문을 통해 서로 대화를 나누는 것이 좋다.

가족이 모두 모이는 저녁 시간에 TV를 보면서 시간을 낭비하는 것은 별로 좋은 일이 아니다. 가족 모두가 할 수 있는 게임이나 놀이, 산책 등으로 가족끼리 일주일에 하루라도 TV 안 보는 날을 정하고 재미있게 보내는 것은 어떨까?

TV를 보고 나서 그 느낌을 글로 써 보게 하거나 그림으로 표현하게 해 보는 것도 좋다.

비디오 활용법

비디오는 항상 어떤 것이 좋은지 정보 수집을 한다. 그런 다음 아이와 함께 비디오를 빌려 와 하루 두 시간을 넘지 않는 시간 동안 보게 하는 것이 좋다.

비디오를 볼 때는 가족이나 친구가 함께 보면서 서로 이야기를 나누는 것도 교육 효과가 높다.

좋은 작품은 여러 번 반복해서 보는 것이 처음에 깨닫지 못했던 감동을 경험하고 같은 상황을 다른 각도에서 해석하는 법도 배우게 된다.

비디오를 보고 나서는 느낌을 글이나 그림으로 표현하게 해 본다. 그러면 아이들의 상상력과 표현력, 언어력이 향상된다.

어린이 성교육

 린이가 갑자기 성에 대한 질문을 하면 어떻게 대답해야 아이의 궁금증을 풀어 줄 수 있을까?

아이가 성에 대한 질문을 했을 때는 구체적인 대답을 바라는 것은 아니다. 다만 자신이 가지고 있는 호기심을 풀 수 있을 정도의 간단한 설명이면 된다.

아이를 키우고 있는 부모라면 언젠가는 아이가 물어볼 성에 대한 질문에 대해서 조금은 지식을 준비해 놓는 것이 좋겠다.

또한 아이가 성기를 만지고 있는 것을 보았을 때 지나치게 놀란 반응을 보이면서 야단을 쳐서는 안 된다. 전문가들은 아이의 손장난은 정상적인 성장의 한 모습이라고 한다. 그러므로 성기를 만지고 있을 때는 관심을 다른 곳으로 옮기도록 유도한다. 그래도 고쳐지지 않을 때는 다른 원인이 있는지 살펴본다.

음부가 간지러워 그러는 수도 있으므로 성기 주위를 잘 살펴보고 항상 깨끗하게 유지할 수 있도록 도와준다.

성 교육시 유의사항

1. 아이의 질문에는 정직하게 대답해 주고 아이의 나이에 맞는 간단한 대답을 해준다. 구체적인 이야기는 하지 않아도

된다.

2. 자궁, 고환, 성기, 임신, 젖, 항문 등과 같은 정확한 말을 사용한다.

3. 아이의 질문에 놀라거나 당황해 하지 말고 아이가 꽃을 보고 "저건 뭐야?" 하고 물었을 때 "장미란다"라고 대답하듯이 자연스럽게 아이의 궁금증을 풀어 준다.

4. 평소에 아이들의 질문을 진지하게 받아 주고 아이와 스스럼없이 대화를 나눌 수 있는 분위기를 만든다.

아이의 이가 고르지 않을 때

이의 이가 고르지 않고 이 사이가 벌어지거나 삐뚤어져 있으면 보기에도 안 좋고 충치도 생기기 쉽다. 이는 칼슘, 비타민 A, C, D가 부족하기 때문이므로 우유, 버터, 간유, 달걀 노른자, 작은 생선, 해초류 등을 많이 섭취하도록 한다.

아이가 의욕이 없고 잔병치레가 많을 때

이가 특별히 아픈 데도 없는데 매사에 의욕이 없을 때는 편식하여 영양이 부족하기 때문이다. 이럴 때는 밥에만 의존하지 말고 아이가 여러 가지 반찬에서 균형 있는 영양을 섭취할 수 있도록 도와준다.

잔병치레가 많고 감기에 자주 걸리는 것도 각 영양소와 칼로리가 부족해 병에 대한 저항력이 약해졌기 때문일 수도 있다.

　　이럴 때는 신선한 채소, 과일, 작은 생선, 해초류, 우유 등 균형 잡힌 영양을 섭취하도록 한다.

어린이 복통

　어린이가 갑자기 복통을 호소하면 당황하기 쉽다.
　먼저 설사와 구토를 하면서 배가 아플 때는 대부분 장에 염증이 생겼기 때문이므로 장염을 치료하면 된다. 또는 대변이 장에 꽉 차서 장이 늘어나도 복통이 일어나는데 이때는 관장을 하면 된다.

　　배꼽 주위나 오른쪽 아랫배가 아플 때는 급성 맹장염을 의심할 수 있는데 아이에게 앉아서 팔짝 뛰어 보라고 시켜서 뛰지 못하면 맹장염이므로 전문의의 치료를 받아야 한다.

　　만성적으로 복통을 호소한다면 신체적으로나 정신적으로 스트레스를 받아 복통이 일어날 수 있다. 이럴 때는 한 번쯤 전문가의 정확한 진단을 받아 보는 것이 좋으며 아이를 편하게 해줘야 한다.

10

시장 정보

10. 시장 정보

프라이스 클럽 양평점 서적 코너

울 프라이스 클럽 양평점에 가면 수필, 소설, 아동 서적, 어학, 컴퓨터 서적을 정상가보다 20~35% 정도 싼 값에 구입할 수 있다.

또는 공무원 연금 매장이나 대형 할인점 서적 코너에 가도 할인된 가격에 서적을 구입할 수 있다.

청계 6가 중고 서적 상가

계 6가에 위치한 중고 서적 상가에서는 재고 도서나 중고 서적을 할인된 가격에 판매하고 있다. 원하는 책의 이름을 적어서 가면 쉽게 찾아 준다.

문구류 할인 매장

 핑 시간은 도, 소매상이 붐비는 시간을 피해서 오후 2~3시쯤 가는 것이 편리하다. 이런 곳을 이용하면 좀 더 저렴한 가격에 만족할 수 있다.

서울 창신동 문구 시장	동대문 롤러스케이트장 주변에 위치한 국내 최대 도매 문구 센터로 이곳에서는 물감, 사무 용품, 교재, 필기류 등을 소매점보다 20~35% 정도 싸게 구입할 수 있다. 그러나 노트나 스케치북 등 낱개 구입이 되지 않는 것도 있다.
남대문 문구 상가	남대문 바로 뒤편 안국 화재 빌딩 옆 주변에 문구 점들이 몰려 있다. 이곳은 일반 소비자가 주 고객이며 시중보다 20% 정도 싸게 구입할 수 있다.
남대문 시장 안에 있는 화방용품 · 제도용품 전문점	남대문 시장 안에는 화방용품과 제도용품 전문점들이 많은데 시중보다 10% 정도 싼 가격에 판매하고 있다.
모닝글로리 이코노 숍 02) 773-2364	남대문 시장 내에 자리하고 있으며 문구류 생활용품을 20~45%까지 할인된 가격에 살 수 있다.
거평 토이랜드 02) 2608-151~2	동대문 시장 내에 위치한 거평 토이랜드는 약 1,200여 평의 매장에서 완구류를 20~40% 할인해 주고 있다.

장난감 빌릴 수 있는 곳(꾸러기 친구 552-4933)

 이들은 싫증을 잘 내는데 장난감을 빌려 주는 곳을 이용하면 계속 새로운 것을 제공받을 수 있어서 아이들이 좋아하고 부모도 경제적 부담을 덜 수 있어 좋다.

장난감 대여점은 대부분 1~6세 아동을 대상으로 회원제로 운영되고 있다.

청계천 아동 의류 도매 상가

 평화 시장, 평화 시장, 흥인 시장 등 청계천 일대 시장에 가면 유명 아동복을 30~70%로 할인된 가격에 구입할 수 있다.

아동복 할인 매장

 명 유아, 아동복도 상설 할인 매장을 이용하면 시중보다 20~50%까지 싼 가격에 구입할 수 있다. 예쁘고 실용적인 옷이 다양하게 구비되어 있다.

● 아동복 할인 매장

아가방	키즈 클럽 문정점	02)	404-4316
	키즈 클럽 일산점	0344)	914-5216
해피랜드	구로(본사)	02)	3282-5700
	개포 연금 매장	02)	226-2011
베비라	연희점	02)	334-9920
	대치점	02)	563-7882
	금남점	02)	298-3073
	가양점	02)	659-9471
압소바 (본사) 561-5610	여의도	02)	786-6136~7
	방 배	02)	586-2213
	도 봉	02)	990-8704
	방 화	02)	664-3663
	화 곡	02)	696-9331
	일 원	02)	459-7308
	자 양	02)	444-0482
	장 안	02)	215-1772
	칠 곡	053)	784-1802
	대 구	053)	784-1802

일반 의류 제품 할인점

유 명 의류 제품들은 상설 할인 매장을 이용해 보자.

1. 에스에스 패션 이코노 숍

로가디스, 입셍 로랑, 빌트모아 등을 50~70%까지 할인하고 있다.

(지역번호: 02)

지 점	전화번호	지 점	전화번호
신림동	875-2554	영등포	678-3677
신 촌	334-6670	장위동	914-8300
삼선동	561-7942		

2. 제일 모직 하티스트

갤럭시, 카디날, 빈폴 등을 40~60%까지 할인하고 있다.

지 점	전화번호	지 점	전화번호
가락동	02) 3401-0461~3	상도동	02) 812-2549
신 촌	02) 320-2854	안 양	0343) 28-3114

3. 엘지 패션 반도 마트

타운젠트, 로오제, 마에스트로 등 이월 상품을 50~80%까지 할인한다.

지 점	전화번호	지 점	전화번호
독산동	02) 779-1782	대방동	02) 828-0834
개포동	02) 3411-7715	청량리	02) 962-7996
안 양	0343) 69-2335		

4. 1호선 가리봉역 주변에는 진도 패션, 에스에스 패션 등 21개
   사가 할인점을 열고 있다.

● 주방 용품 전문 상가

1. 남대문 시장 대도 상가 D동 3층(02-775-7300)과 중앙 상
   가 3층(02-776-9311)
   모든 주방 용품을 25~40%까지 세일한다. 매주 일요일은
   휴일이며 오전 8시 30분에서 오후 7시까지 문을 연다.
2. 리빙 스타 부평 본사 전시 판매
   장(032-501-9583)
   부평 시티 백화점 길 건
   너편에 위치하고 있으
   며 모든 주방 기구를
   30~50% 할인된 가격
   에 판매하고 있다. 공휴
   일은 쉬고 오전 10시~오
   후 6시까지 문을 연다. 토요일
   은 오후 5시까지 영업한다.

3. 셰프 라인 서초동 본사 직매장(02-3473-5500 교환 174)
   스테인리스 제품만 30% 할인된 가격에 구입할 수 있다.
   무엇보다 특색 있는 제품을 구할 수 있다.
4. 한국 도자기 연희 직매장(02-338-2631)
   매주 일요일은 쉬고 오전 9시~오후 7시까지 영업한다.
   한국 도자기 제품만 20~25% 할인하고 2층에는 크리스털

전문 매장이 있다.

5. 키친 나라 용두동 매장(02-927-
   3245)

   매주 일요일은 휴일이고 오전
   9시~오후 8시까지 영업한다.
   모든 주방용 기구를 30~50%까
   지 할인한다.

6. 키친 아트 서초동 본사 직매장
   (02-537-9182)

   모든 공휴일은 쉬고 평일은 오전 9시 30분~오후 6시까
   지, 토요일은 오후 3시까지 문을 연다. 스테인리스 제품
   을 40%까지 할인된 가격에 구입할 수 있다.

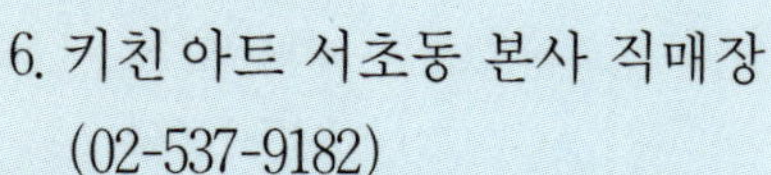

제화 업체 할인 매장

화 업체가 운영하는 할인 매장을 이용하면 재고 상품
을 평균 30~50%까지 할인된 가격에 구입할 수 있다.
이곳의 장점은 연중 무휴이며 애프터 서비스까지 받
을 수 있다는 점이다. 또 상품권으로 물건을 구입할 수도 있고
신용 카드도 받는다.

구두뿐만이 아니라 의류, 패션 잡화까지 쇼핑할 수 있다.

업체명	장 소	전화번호
엘칸토	하 남	0347) 975-0582
	전농동	02) 217-2428
	장안동	02) 244-1937
	광 주	062) 231-8286
무 크	문정동	02) 3401-2750
	목 동	02) 693-7292
	창 동	02) 999-0714
에스콰이아	성 수	02) 498-2502
	장 안	02) 245-5284
	봉 천	02) 874-4148
	수유리	02) 997-4331
	길 동	02) 487-4026
	중 계	02) 976-9864
	시 흥	02) 807-0302
	대 전	042) 634-7651
	대 구	053) 558-6443
	의정부	0351) 877-0617
금강	금 호	02) 291-8467~8
	부 평	032) 548-7570~1
	분 당	0342) 707-4897~8
	남 영	02) 719-1681~4
랜드로바	부 평	032) 546-0405
	문 정	02) 3401-1145
	분 당	0342) 707-5097
	중 계	02) 977-4240
	당 산	02) 678-9046
비제바노	부 천	032) 680-5707

물건을 빌릴 수 있는 곳

하나하나 구입하자니 돈이 들고 없으면 아쉬운 물건들은 빌려 쓰는 것도 알뜰한 지혜이다. 아기 침대, 가방, 장난감, 배낭, 텐트, 가전 제품 등은 빌려 써 보자.

그러나 물건을 빌릴 때는 망가뜨리거나 더럽혔을 때 추가 비용 부담액이 얼마인지 미리 알아보는 것이 좋다.

(지역번호: 02)

품 명	상 호	연락처
생활 용품	서울 종합 렌탈	400-6677
	삼성 렌탈	514-8817
	한국 패밀리 렌탈	445-9393
가전, 가구	대성사	798-7708
가 방	이창희 렌트백 서비스	538-3740
그 릇	한국 기물 상사	267-2617
화 분	가나안 식물원	831-7960
한 복	동방 아트	518-5521
미술품	하나로 미술관	739-2298
	동숭 갤러리 미술 은행	745-0011
	청담 미술관	511-9051

가구점

구를 사러 갈 때는 미리 주변 점포나 시내 가구점 등에 들러 가격과 품질을 비교한 후 구매하는 것이 바람직하다.

○ 가구 공동 할인 매장

뿌리 깊은 나무	일산점	0344) 919-0352
아낌 없이 주는 나무	일산점	0344) 907-4100
	분당점	0342) 709-8311
	노원점	02) 934-2656
	서초점	02) 525-6742
	서부점	02) 644-4477
서울시 가구 조합	장안동점	02) 214-6122
	잠실점	02) 424-5035
	여의도점	02) 785-0497

1. 가구를 만드는 사람들 032) 821-5900

인천 남동구 남동 공단 90블록에 있는 가구를 만드는 사람들은 중소 기업체가 모인 가격 파괴점이다. 우아미, 썬우드 등과 전통 가구가 한자리에 모여 있다.

2. 분당 태재 고개

경부 고속도로 판교 인터체인지를 빠져 나와 분당 열 병합 발전소를 거치면서 태재 고개가 시작되는데 여기서부터 가구 단지가 시작된다. 동서, 리바트, 장인, 보르네오 등 2정도의 도로변과 계곡 사이에 1백여 가게가 들어서 있다. 주차 사정도 좋고 재고 상품 판매를 겸하는 곳도 있다. 재고 상품은 50~60% 싸게 판매하고 있다.

3. 일산 가구 단지

마크로 일산점 옆 일산 가구 단지에는 약 150여 개의 점포가 자리잡고 있다. 소비자들에게는 시중보다 20~30% 할인된 가격에 판매하고 있다.

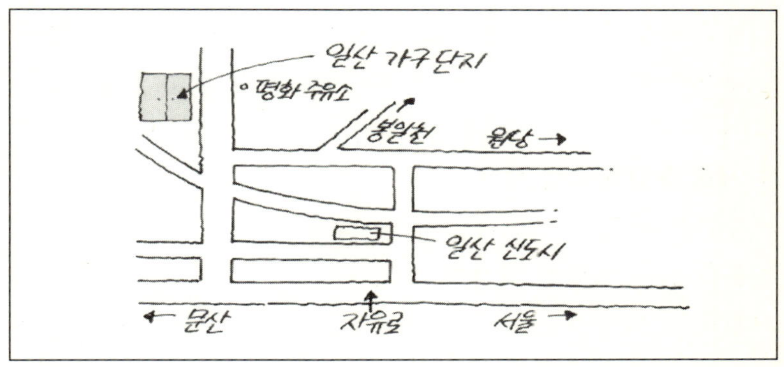

4. 마석 가구 단지

경춘 가도의 천마산 스키장 가는 길에 있는 마석 가구 단지에는 150여 개의 점포가 밀집되어 있다. 이곳에는 공장 직영 점포가 많아 시중보다 훨씬 저렴한 가격에 가구를 구입할 수 있다.

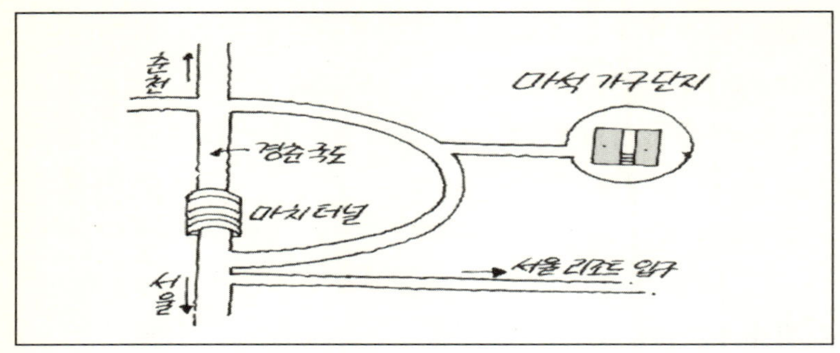

5. 아현동 가구 공장

아현동에서 마포, 신촌 방향으로 가는 도로에는 크고 작은 가구점들이 밀집되어 있다.

보통 시중 가격보다 20% 정도 싼 가격으로 판매하고 있지만 흥정만 잘 하면 더 싼 가격에 가구를 구입할 수도 있다.

6. 서울 홍인동 중앙 시장

홍인동 중앙 시장에서는 소파, 식탁, 콘솔 등을 저렴한 가격에 소비자가 원하는 디자인으로 주문 제작해 준다. 가격은 재질이나 디자인, 천의 종류에 따라 차이가 나고 오전 9시~오후 8시까지 문을 연다. 공휴일과 일요일은 쉰다.

집안 분위기를 자기 취향에 맞게 바꾸려면 중앙 시장에 한번 가 보는 것도 좋다. 그러나 소매를 하지 않는 가게도 있다.

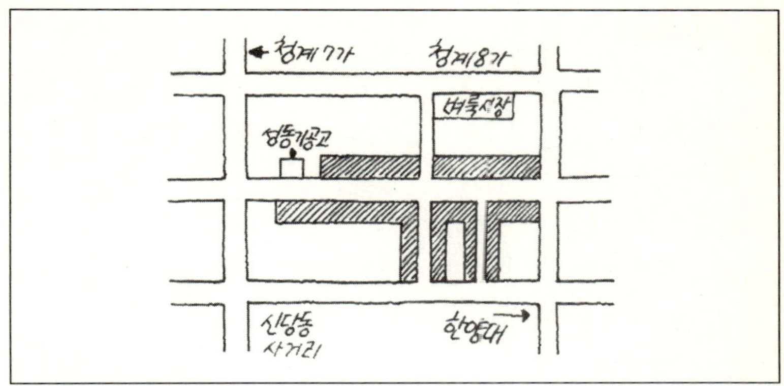

※ 밑줄 친 부분이 중앙 시장에 자리잡은 인테리어 가구 상가다.

가구 재활용 센터

서울을 비롯 전국에 104곳의 재활용 센터가 문을 열고 있는데 주로 대형 폐기물인 장롱, 침대, 책상 등을 전화로 신청하면 무료로 가져 간다. 그리고 수리를 한 후 저렴하게 판매하고 있다.

가구 리폼 업체

가구의 색만 바꾸어도 집안 분위기가 달라진다. 리폼 업체를 이용해서 새롭게 가구를 바꿔 보자.

전문 가구 리폼 업체로는 우리 집 꾸미기〈02) 925-3372〉, 일심 산업〈02) 207-1653〉, 그린 하우스〈02) 836-1801〉, 훼밀리 마트〈0347) 66-5691〉 등이 있다.

● 인테리어 제품들

그밖의 집안의 크고 작은 인테리어 제품들을 싸게 사는 방법을 알아보자.

을지로 건자재상

을지로 2가에서 4가 대로변에는 타일, 가구, 조명, 각종 액세서리 상가들이 밀집해 있다.

실내 장식재나 인테리어에 필요한 물품을 알아 보려면 이곳을 이용하면 된다. 이곳은 수입 제품처럼 다양하진 않지만 색상과 디자인이 무난하고 가격도 저렴하다.

논현동 건자재 백화점

논현동 강남 우체국 옆 천주교 사거리 주변에는 건자재 백화점과 전문 점포들이 자리잡고 있다. 이곳은 세련된 고가 수입 제품이 많은데 취급 품목의 색상이나 디자인이 다양하다.

인테리어에 관심을 갖고 있다면 이곳에 들러 보는 것도 좋겠다.

양재동 화훼 공판장

양재 인터체인지 시민의 숲 바로 옆에 위치한 공판장은 200여 평의 부지에 1백여 개의 원예 업체가 있다. 꽃, 관상수, 난, 분재, 소품을 시중가보다 15~20% 정도 저렴한 도매가로 판매하고 있다.

방산 시장 지류 상가

을지로 5가 중부 시장 건너편 방산 시장을 이용하면 벽지를 시중보다 20~30% 정도 싸게 살 수 있다.
영업 시간은 오전 7시 30분~오후 7시까지이다.
대우 종합 벽지 할인 매장 02) 588~2284~5
이곳에서는 20~50% 정도 싼 가격에 벽지를 구입할 수 있
다. 매주 일요일은 쉬고 영업 시간은 오전 9시~오후 7시
까지다.

전자제품 싸게 사는 곳

 아 두면 이익이 되는 정보, 전자 저품
을 싸게 살 수 있는 곳은 다음과 같
다.

1. 세운 상가

종로 3가에서 청계천 3가를 가로질러 세운 상가가 자리잡고
있다. 이곳은 주차 시설이 부족하므로 대중 교통을 이용하는
것이 편리하다.

세운 상가의 특징은 전자 제품에 관한 한 자잘한 부품까지 없
는게 없고 일반 대리점보다 20~30% 정도가 싸다는 것이다.

특히 난방 용품은 다른 곳보다 비교적 싼 값에 구입할 수 있
다.

2. 용산 전자 상가

용산 전자 상가는 조명, 컴퓨터, 가전 제품, 음향 기기 등 여러
전자 제품의 상가가 즐비하다.

이 중 17동과 18동이 전문 전자 제품 상가이며 가격은 세운 상가와 비슷하다.

3. 용산 전자 상가의 벼룩 시장

컴퓨터나 통신 제품은 용산 전자 상가의 벼룩 시장을 이용해 보자. 벼룩 시장은 매주 토요일 오전 9시~오후 12시까지 열리는데 컴퓨터, 부품, 가전 제품 등을 20~60%까지 할인된 가격에 구입할 수 있다.

보석 전문점

누구나 갖고 싶어하는 보석을 값 싸게 살 수 있는 전문점을 이용해 보자.

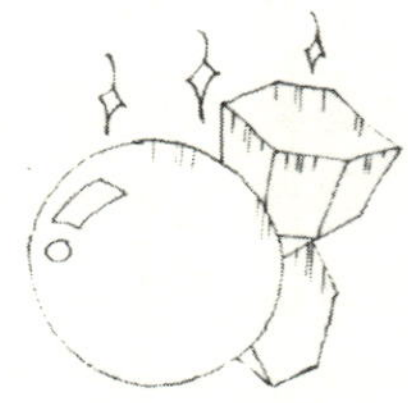

1.예지동 보석, 시계 전문점

종로 4가 조흥은행 뒤편으로 보석과 시계를 판매하는 상점들이 밀집되어 있다. 예물용 보석과 시계는 시중에 비해 20%~40% 싼 가격에 구입할 수 있고 루비, 에메랄드, 진주, 다이아몬드 등 각종 원석도 도매 가격으로 구입할 수 있다.

2. 종로 3가 보석 전문점

종로 3가 종묘 공원 건너편에 있는 단성사 사이 골목에는 보석 전문점들이 밀집되어 있다. 이곳은 소매 상인들을 상대로 하는 도매 상가이다. 그러나 소비자들에게 시장가보다 20% 이상 싼 가격에 판매하고 있다.

털실 전문 상가

개질용 재료는 서울 종로구 방산 시장 맞은편 청계천 5가의 털실 전문 상가를 이용한다. 이곳은 규모도 크고 가격도 저렴하다.

고속 터미널의 지하 상가와 2층, 4층 원단 시장

속 터미널 지하에 있는 강남 한신 지하 상가에는 콘솔이나 스탠드, 동으로 장식한 소품, 주방 용품, 액자 등 인테리어 소품들이 다양하게 갖춰져 있다. 관심 있는 사람은 한번 들러 볼 만하다. 또 겔로이에서는 스텐실 재료도 판매하고 있다.

그리고 2층과 4층에는 침구류, 수예품 매장과 원단, 인테리어 부속품을 판매한다.

동대문 종합 상가

패션에 흔히 쓰이는 커튼 부품, 쿠션, 솜과 원단 등은
동대문 쇼핑 타운 지하와 2층 또는 동대문 종합 상가
C동 1층에 가면 싼 값에 살 수 있다. 그리고 동대문 쇼
핑 타운 지하와 광장 시장에는 바느질만 해주는 곳도 많다.

기계 주름 잡아 주는 곳

남 고속버스 터미널 7층과 광장
시장에는 기계 주름을 잡아
주는 곳이 있다. 그리고 고
속버스 터미널 상가에는 바느질만 해
주는 곳도 있다. 고속 터미널 2층과 4
층은 원단을 판매하는 곳과 유기적으
로 연결되어 편리하고 공임도 시중보
다 싸다.

중고 컴퓨터 구입할 수 있는 곳

형 PC를 구입하면 예상보다 많은 비용이 든다. 그러
므로 값이 싼 중고 PC를 구입해 보자. 중고 PC는 신
형에 비해 가격이 싸고 성능 면에서는 별 차이가 없
다. 중고 PC는 용산 전자 상가 중고 PC전문점을 이용해 보자.

단, 구입하기 전 하자가 생겼을 때 수리받기 힘든 제품도 있으
므로 구매시 사후 수리 여부를 확인해야 한다. 대기업 제품은 사

후 수리를 책임지지만 조립품이나 수입품은 그렇지 못하다.

(지역 번호: 02)

점 포 명	연 락 처
타 겟	717-4384
중고 마을	713-2547
쇼프트 리	717-7384
씨마트 21	703-8703
크 리 컴	272-2915

무료로 배울 수 있는 PC 교육 정보

컴퓨터를 처음 배울 때는 한 단계씩 기초부터 차례로 배우는 것이 쉽고 재미있다. 다음은 PC 교육을 무료로 하는 곳이다.

정보 문화 센터 홍보관	윈도 95, 문서 작성, 인터넷, PC 통신을 배울 수 있다. 전국 56개 시, 군에서 농어촌 PC 교실을 운영하고 있다. 02) 552-3007
한국통신 정보 사랑방	PC 기초, 인터넷, 주부·장·노년 교실을 운영하고 있으며 전국 12개 주요 도시에서 실시중이다. 02) 725-0783
삼보 컴퓨터	PC 개요, 문서 작성, PC 통신 등 전국 90개 시, 군 지역에서 교육을 실시하고 있다. 전국 080) 535-3535

삼성 전자	문서 작성, 인터넷, 주부·학생 교실 등 전국 주요 도시 66개 지점에서 교육을 실시한다. 전국 080) 990-2222 서울 02) 277-7213
LG 전자	인터넷, 기초반 등 전국 30개 주요 도시에서 교육을 실시하고 있다. 전국 080) 023-7777 서울 02) 554-8400
현대 전자	윈도 95, 엑셀 등 전국 10개 주요 도시에서 교육을 하고 있다. 02) 719-1472
세진 컴퓨터 랜드	기초, 윈도, 인터넷을 전국 88개 지역에서 교육하고 있다. 02) 657-1751~4

저렴하게 배울 수 있는 각 구청 문화 센터

강서 구청 생활 체육 교실	강서구 주민들을 위해 다양한 프로그램을 마련하고 있다. 생활 체조, 에어로빅, 테니스, 배드민턴 등 무료 수강이 가능한 것이 많다. 02) 600-6455
서초 구청 기능 교육	18세 이상 남녀를 대상으로 한다. 신청시 본인이 신분증을 지참하고 간다. 미용, 양재, 조리, 제과 제빵 등 수강료는 무료이다. 02) 570-6490
양천구 여성 교실	만 18세 이상 여성으로 생활 요리, 조리사, 양재, 홈패션, 미용 등. 재료비만 본인 부담. 02) 642-6965
종로구 문화 센터	종로구 여성으로 저소득 시민, 신체 장애자 등이 이용할 수 있다. 미용, 급식 조리, 양재, 표구, 한복, 영어, 홈패션, 한글 서예, 한문 서예, 꽃꽂이 등. 재료비만 본인 부담 02) 730-4966

북부 종합 사회 복지관	머리 미용, 피부 미용, 메이크업, 도배, 급식 조리, 제과 제빵, 봉제 미싱, 양재, 한복, 홈패션, 커튼, 정보처리, 성인 컴퓨터, 성인 피아노, 생활 영어, 꽃꽂이, 수지침, 종이 접기, 독서 지도 등. 수강료 25,000~35,000원. 02) 934-7711~5
한빛 종합 사회 복지관	미용, 미용 연구, 제과 제빵 기초-자격증 반, 한식 조리, 가정 요리, 반찬 전문 교실, 홈패션, 양재, 퀼트, 컴퓨터, 인터넷, 꽃꽂이, 도배 등. 수강료 15,000~50,000원. 02) 690-8762
성북 부녀 교실	미용, 개량 한복, 요리, 제과 제빵, 양재, 홈패션, 옷수선 등. 수강료 무료. 02) 742-0889

서울시 여성 발전 센터

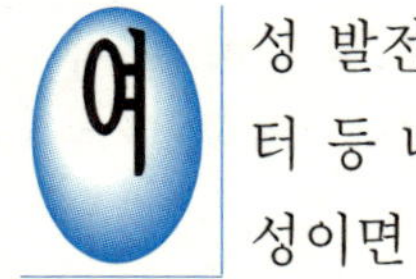여성 발전 센터는 남부, 중부, 서부, 북부 여성 발전 센터 등 네 곳이 있고 18세 이상 서울시에 거주하는 여성이면 누구나 이용할 수 있다. 분기별로 연 3회 수강생을 모집하고 3세 이상부터 미취학 아동을 보육 시설에 맡길 수 있다. 월 보육료는 5,000원이다.

남부 여성 발전 센터 02) 802-0922~4	직업교육 — 만 15세 이상이면 가능하고 현대 의상, 한국 의상, 미용, 정보처리 등. 교육 기간은 1년이다.
중부 여성 발전 센터 02) 719-6307~8	생활 문화 교실 — 한글 서예, 수채화, 일본어, 꽃꽂이, 영어, 자동차 정비, 노래 교실, 소자본 창업 교실, 지점토와 펄프 공예 등. 수강료는 월 7,000원이고 재료비는 본인 부담.
북부 여성 발전 센터 02) 972-5506~7	기술 교육 — 도배, 한국 의상, 공예 디자인, 홈 패션, 미용, 현대 의상, 급식 조리, 정보처리, 제과제빵, 마케팅 정보. 생활 문화 교실-자동차 오너 정비, 컴퓨터, 꽃집 경영 외 14종. 강좌 수강료 월 7,000원이고 재료비는 본인 부담. 컴퓨터 교실은 월 56,000원.
서부 여성 발전 센터 02) 607-8791~4	기술 교육 — 제과 제빵, 급식 조리, 미용, 홈패션, 정보처리, 현대 의상, 한국 의상, 도배 생활. 문화 교실-생활 한자, 꽃꽂이, 생활 일어, 수지침, 생활 영어, 손뜨개, 한국 서예, 수채화, 한문 서예, 자동차 정비, 메이크업, 노래 부르기, 피부 관리, 퀼트 등. 수강료 월 7,000원이고 재료비는 본인 부담.

일하는 여성의 집

WCA, 여성 민우회 등 여성 단체에 위탁해 실시중인 이 직업 훈련원은 노동부가 비용 일부를 지원하기 때문에 교육비 부담이 적다.

각 지역 일하는 여성의 집에서는 컴퓨터, 미용, 봉제, 조리사,

애니메이션 등 6개월 이하의 단기 직업 교육을 실시하고 있다.

한편 노동부는 늘어나는 수요를 충족하기 위해 올해 서울 동작, 은평, 마포구, 경기도 성남시, 충북 음성군, 경북 칠곡군, 경남 울산시, 제주도 제주시 등에 추가로 설립할 예정이다.

● 일하는 여성의 집 전화번호

구　　　분	전화번호
광주　YWCA 일하는 여성의 집	062)　511-0001~3
부산 동구 YWCA 일하는 여성의 집	051)　441-6576
서울　YWCA 일하는 여성의 집	02)　951-0187~8
대전　YWCA 일하는 여성의 집	042)　534-0330~6
대구　YWCA 일하는 여성의 집	053)　943-9091~3
인천　YWCA 일하는 여성의 집	032)　428-6696
마산　YWCA 일하는 여성의 집	0551)　45-9383~4
안양　YWCA 일하는 여성의 집	0343)　66-2617~9
청주　YWCA 일하는 여성의 집	0431)　53-3400
목포　YWCA 일하는 여성의 집	0631)　283-7535~6

천안 YWCA 일하는 여성의 집	0417) 576-3060~1
군산 YWCA 일하는 여성의 집	0654) 468-0055~7
강서 여성 자원 금고 일하는 여성의 집	02) 3662-4271~4
부천 온터 두레회 일하는 여성의 집	032) 326-3004
부산 동래 여성 노동자 협의회 일하는 여성의 집	051) 503-7268 501-8944
구미 대구 가톨릭 사회 복지관 일하는 여성의 집	0546) 456-9484
서울 송파 여성 민우회 일하뜬 여성의 집	02) 409-9501~3

여성 취업 알선 기관

여성들의 취업문이 갈수록 좁아지고 있지만 정부에서 운영하는 취업 알선 기관과 각종 여성 단체, PC 통신 등을 이용해서 찾아 보면 일자리를 구할 수 있다.

여성 단체

여성 자원 금고는 회원제로 운영되고 있으며 텔레 마케팅, 세무, 의류 재활용, 캐릭터 디자인 등 교육과 취업 알선을 하고 있다. 여성 민우회는 주부들을 위한 유아방 교사, 요리사 등의 교육을 실시하고 있다. 그밖에도 여성 단체에서는 직업 교육 및 취업 알선 창구를 운영하고 있으므로 이용해 볼 만하다.

(지역 번호: 02)

구 분	전화번호
여성 자원 금고	3662-4271~4
대한 주부 클럽 연합회	753-6645
여성 민우회	409-9501
YWCA 명동 본부	779-1075
YWCA 근로 여성 회관	804-8755
엘리트 여성 능력 개발원	786-3515~7

직업 훈련원의 모든 것

업 훈련 기관은 크게 공공 직업 훈련 기관과 인정 직업 훈련원으로 나눌 수 있다. 공공 기관은 한국 산업 인력 공단의 기능 대학과 대한 상공회의소의 직업 훈련원 등이 있다. 이곳에서는 교육비를 받지 않는다. 그러므로 자신이 원하는 곳에 연락을 해 보고 교육을 받도록 한다.

지자체 직업 훈련 기관

남 여자 직업 전문 학교에서는 양장, 한복, 미용, 십자 수, 기계 편물, 정보처리 등을 가르친다. 주간은 1년 과정인데 이 과정을 마치면 2급 기능사 필기 시험을 면제받는다. 기타 지자체 훈련 기관은 보통 야간 6개월, 주간 1

년 과정이다.

구　　분	전 화 번 호
서울 종합 직업 전문 학교	02) 441-5561～5
한남 여자 직업 전문 학교	02) 793-7381
서울 상계 직업 전문 학교	02) 938-4672～5
서울 시립 청소년 직업 전문 학교	02) 694-0263～5
옐림 직업 전문 학교	0343) 95-3001～7
경기도 농민 교육원	032) 884-6131
경남 도립 직업 전문 학교	0591) 745-0903

직업 전문 학교

교육 기간은 보통 1년이며 훈련 직종은 정밀 기계 가공, 건축 의장, 도자기 공예, 인쇄, 귀금속 공예, 컴퓨터 산업, 디자인 등 35개 기능사 과정이 있다.

여성을 위한 6개월 특별 직업 훈련 과정도 운영하는데 귀금속 공예, 실내 디자인, 목공예 등이 있다. 보통 2월중에 신입생을 모집한다.

구 분	전화번호	구 분	전화번호
한독 부산	051) 555-1474	인 천	032) 864-8081
원 주	0371) 741-7020	강 릉	0391) 610-6111
강릉 정선 분교	0398) 63-7811	충 주	0441) 850-4200
이 리	0635) 831-2106	순 천	0661) 720-1504
김 천	0547) 32-6147	포 항	0562) 72-0701
한백 창원	0551) 82-4681	울 산	0522) 90-1510
진 주	0591) 52-8901	경 기	0339) 350-3120
강 원	0361) 51-4001	충 북	0441) 846-2803
충 남	0461) 30-2802	전 북	0635) 835-1521
전 남	062) 570-1320	경 북	053) 610-6521
제 주	064) 20-2121	영 주	0572) 33-4861

상공 회의소 직업 훈련원

 문대와 같은 2년 기간으로 첨단 분야 전문 기술 인력과 숙련 기능인을 길러 내는 데 중점을 두고 있다. 전문 지식을 기르는 데 매우 유익하다.

구 분	전화번호	구 분	전화번호
군 산	0654) 467-8253~4	홍 천	0366) 434-0272~3
옥 천	0475) 31-3052	공 주	0416) 52-6415~5
광 주	062) 941-6155~6	부 산	051) 626-4260
인 천	032) 815-0611~4	경 기	0348) 943-3731~4

● 노동부 추천 우수 직업 전문 학교(민간)

구 분	전화번호	구 분	전화번호
돈 보스꼬	02) 833-4010	서 울	02) 744-1472
현대 전산	02) 636-9587	제 마	051) 866-4933
경 남	0551) 98-7777	동 해	051) 333-6963
삼성 자동차 정비	051) 204-5787	중 앙	0562) 75-6622
대 구	053) 354-5500	경부 자동차 정비	053) 751-7758
대 성	062) 374-5000	호 남	062) 525-3701
경 문	032) 564-8080	덕 우	0418) 42-8700
대 진	042) 222-8202	대 전	042) 525-2462

⬤ 인력 은행

구 분	전화번호	구 분	전화번호
서 울	02) 876-1919	경 기	0331) 221-8400
부 산	051) 817-1991	대 구	053) 257-6491~4
인 천	032) 426-2929	광 주	062) 514-4230~7
대 전	042) 487-1919		

⬤ 한국 산업 인력 공단

본 부	02) 711-1953	부 산	051) 643-9191
대 구	053) 585-1919	광 주	062) 527-1919
강 원	0361) 241-1953	충 북	0431) 273-1953
충 남	042) 632-9191	인 천	032) 818-1911
경 기	0331) 253-1919	전 북	0652) 254-1919
전 남	0661) 742-4051	경 북	0571) 54-1919
경 남	0551) 66-1919	제 주	064) 51-1953

⬤ 노동부 지방 사무소

서 울	02) 523-2802	부 산	051) 466-2400
대 구	053) 323-4327	광 주	062) 226-8362~4
인 천	032) 421-2013	대 전	042) 480-6271~7
춘 천	0361) 242-1919		

학점 은행제

대학 교육을 받지 못한 주부나 일반인 등이 대학 부설 사회 교육 기관이나 사설 학원 등에서 강의를 듣고 학점을 인정받으면 의·사범계를 제외한 대부분 분야의 학위를 취득할 수 있다.

음악, 미용, 디자인, 요리, 영어 등 274개 교과목을 시범적으로 운영하고 있다. 교육 개발원 학점 은행에 누적된 취득 학점이 140점 이상이면 학사 학위를, 80점 이상이면 전문 학사 학위를 받게 된다.

특정 대학에서 학위를 받기 위해서는 해당 대학에서 85점 이상, 해당 전문대에서 50점 이상 취득하면 된다. 만약 학위가 있는 사람이 학점 은행제를 통해 다른 학위를 받으려면 해당 전공 과목을 35점 이상 따면 된다.

교육 기간은 빠르면 4년에서 10~20년에 걸쳐 은행에 저금하듯 학점을 따서 학점 은행제에 누적하면 된다.

자격증으로도 학점을 인정받을 수 있는데 기술사 45점, 기능장 39점, 기사 1급 30점, 기사 2급·기능사 1급 24점, 워드프로세서 1급 12점, 부기 1급 8점, 비서 2급 4점이다.

또 같은 종목의 자격증을 여러 개 가지고 있으면 수준 높은 자격증부터 차례로 학점이 주어진다(100, 75, 50, 25% 순). 예를 들어 기술사, 기능장, 기사 1급의 자격증을 가지고 있다면 기술사

45점, 기능장 29.25점, 기사 1급 15점을 합해 89.25점의 학점이 인정된다. 그러나 자격증으로 한 해에 인정되는 학점은 36점만 가능하므로 그 이상 땄다면 다음 해로 이월된다.

그밖의 자격증의 학점은 학점 은행을 운영하는 한국 교육 개발원이 별도로 정할 예정이다.

PC 통신으로 구체적인 내용을 알아볼 수 있다.

에듀넷(http://edunet.nmc.nm.kr)

한국 교육 개발원 홈페이지 (http://ns.kedi.re.kr)

◯ 학점 은행제 시범 운영 기관 및 학습 과정

1. 대학 전문대 부설 각종 교육원

· **건국대 02) 450-3266**

  교육학 개론, 헌법, 경영학 개론, 영양학, 마케팅 원론

· **경원대 0342) 750-5114**

  영어 회화, 유화1

· **계명대 053) 620-2291**

  국어, 국사, 국민윤리, 교육학 개론

· **광운대 02) 940-5274**

  국어, 영어, 국사, 전산 개론

· **단국대(천안) 0417) 550-1762**

  문예 창작, 영어 회화1, 일어 회화1, 서양화1, 한국화1

· **대구대 053) 850-5650**

  유화1, 소묘, 동양화1, 수채화

· **덕성여대 02) 765-1847**

  국문학 개론, 영국 문화사, 경영학 개론, 영양학, 유아 교
  육 과정

· **명지대 02) 300-1464**

  국어, 영어, 국사, 문학 개론, 경영학 개론

· **서강대 02) 704-8718**

  영어 교수법, 상담 이론과 실제, 일본어

· **서원대 0431) 61-8192**

  국문학 개론, 문예 창작 연구, 전산 개론, 서양화1, 일본
  어 회화1

· **세종대 02) 460-0114**

  자료 구조론, 프로그래밍 언어
· **성균관대 02) 760-1323**

  전산학 개론, 교육학 개론, 부
  모 교육론, 회계 원리, 재무회
  계
· **수원대 0331) 2520-2275**

  국어, 영어, 국사, 윤리, 전산 개
  론
· **숙명여대 02) 710-9141**

  유아 교육 개론, 아동 복지, 유아 교육 과정, 유아 발달
· **영진전문대 053) 940-5184**

  유화1, 기초 촬영 실습
· **인천교대 032) 540-1152**

  영어 회화1, 한국 현대 시론, 전산 개론, 테이터 통신, 식
  생활과 건강
· **전북대 0652) 70-2116**

  문예 창작, 일어 회화1, 부모 교육론, 논리학 원론
· **전주대 0652) 220-2642**

  영어 회화1, PC 활용, 사무자동화, 한국화, 기초 도자기
  공예 실습
· **주성전문대 0431) 210-4070**

  영어 회화1, 일어 회화1, 서양화1

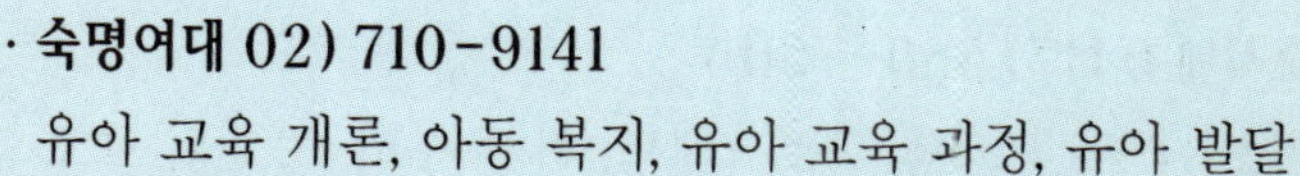

· **중앙대 02) 820-6213**

국어, 국사, 영어, 교육학 개론, 문학 개론

· **창원대 0551) 79-7881**

전산 개론, 영어 회화1, 일본어, 문예 창작, 민법1

· **한남대 042) 629-7841**

국어학 개론, 국문학 개론

· **한양대 02) 290-1521**

경영학 개론, 교육학 개론, 전산 개론, 국문학 개론, 영어
학 개론

· **호서대 0417) 559-7500**

자료 구조, 시스템 프로그래밍, 이산 수학, 컴퓨터 프로그
래밍, 논리 설계

· **홍익대 02) 320-1411**

소묘, 수묵화, 유화, 판화, 기초 디자인

· **동국대 02) 260-3524**

전산 정보 개론, 컴퓨터 구조, 전산 수학, 프로그래밍 언
어, PC 활용

· **숭실대 02) 813-8676**

컴퓨터 구조, PC 활용, 전산 수학, 전산 정보 개론, 프로
그래밍 언어

· **한남대 042) 629-7757**

컴퓨터 구조, 전산 정보 개론, 전산 수학, 프로그래밍 언
어, PC 활용 실습

2. 고등 기술 학교, 특수 학교

· **총신 예술 02) 5200-633**

시창, 청음, 음악 개론, 음악사, 반주법, 피아노 실기, 표현 기법, 소묘, 평면 조형, 수채화, 서양화1

· **국제 02) 542-8197**

피아노 실기, 피아노 연주, 시창, 청음, 음악 개론, 국악 개론, 화성악, 음악사, 음악 감상법, 합창

· **정화 02) 752-7239**

교육학 개론, 실기 교육 방법론(미용), 교육 과정, 퍼머 실습1, 공중 위생법, 공중 보건학, 피부 과학

· **대전맹 042) 285-5002**

침구 치료학, 생리학, 수기 실습, 경혈학 I, 수기 실습 II, 보건학, 이료 영어

· **서울맹 02) 737-0657**

침구 치료학1, 생리학, 보건학, 경혈학1, 수기 치료학, 기능 해부학, 이료 영어, 기능 해부학2, 수기 실습 I, 수기 실습 II

3.상공회의소 직업 훈련원 및 직업 전문 학교

· **옥천 0475) 31-3051**

전기 공학, 전자 공학, 전자 계산기, 정보 통신 공학, 전자 기 초실험 실습, 마이크로 프로세서 실습

· **군산 0654) 467-8252**

기계 공작법, 기계 요소 설계, 기계 제도, 기계 재료, 공유

압 일반, 금속 가공 기초 실습, 공작 기계 기초 실습, 전기 전자 기초 실습, CAM 실습, 기계 제도 실습
· **경문** 032) 564-8080
  윈도우즈 프로그램밍1, 멀티 미디어 개론, CAM 실습
· **기독** 02) 711-6070
  색채 계획, 디자인론, CAD 실습, 디자인 제도, 기초 제품 디자인 실습
· **부산** 051) 631-1175
  전산학 개론, 자료 구조
· **현대** 02) 675-6202
  프로그래밍 언어, 데이터 베이스 운영 체제
· **호서전산** 02) 3662-9211
  전산 개론, 전산 수학, 전자 계산기 구조, 시스템 분석, 프로그래밍 언어

4. 어학, 디자인, 패션계 학원
· **시사 영어** 02) 734-2442
  영문법, 영어 강독, 실용 영어 회화, 영어 청취 연습1, 영작문1
· **YBM 시사영어사** 02) 276-0509
  영작문1, 영문법, 영어 강독1
· **정철 외국어** 02) 555-0515
  영문법, 영어 속독법, 시청각 영어 회화1, 영어 회화1, 영어 교수법

· **파고다 외국어 02) 275-9880**

실용 영어 회화, 영문법, 영어 청취 연습1, 영작문1

· **시사 일본어 02) 735-1582**

일본어, 일어 회화1, 일본어 강독1

· **강남 국제 복장 02) 546-7321**

패션 디자인론, 의복 구성 실습, 평면 재단 실습1

· **서울 모드 패션 디자인 02) 516-5550**

패션 기획, 머천다이즈론, 의상 사회 심리, 복식 미학, 패션 디자인론

· **영동 시대 패션 디자인 02) 549-7751**

패션 디자인론, 의복 구성 실습, 평면 재단 실습1

· **나래 디자인 02)744-4114**

디자인론, 일러스트레이션, 시청각 디자인1, COMPUTER(Illustrator) 표현 기법

· **아트 센터 02) 718-0455**

실내 디자인론, 제도, 색채학 실습

5. 정보 처리, 전산, 전기계 학원

· **부산 중앙 정보 처리 051) 466-1611**

데이터 베이스 질의어, 윈도우즈 프로그래밍2, 클라이언트/서버 프로그래밍1

· **영등포 중앙 정보 처리 02) 631-1921**

클라이언트/서버 프로그래밍1, 윈도우즈 프로그래밍1,데이터 베이스 질의어

- **중앙 정보 처리 02) 313-1715**
  데이터 베이스 질의어, 윈도우즈 프로그래밍2
- **수도 전자 통신 02) 678-0536**
  기초 전자, 통신 이론, 정보 통신 기기, 기초 전자 실습,
  컴퓨터 통신망
- **한국 전기 02) 678-2727**
  회로 이론, 전기 자기학, 디지털 공학

6. 기타 기술계 학원
- **제일 열관리 기술 02) 762-8292**
  안전 교육론, 인간 공학
- **한국 자동차 정비 02) 714-7141**
  열역학1, 재료 역학, 기계 공작법, 가솔린 기관 실습1, 자
  동차 섀시 실습
- **한국 항공 기술 전문 02) 764-6164**
  항공 우주학 개론, 재료 역학, 항공기 기체1, 항공기 기초
  실습, 유체 역학
- **현대 건축 설계 032) 874-9950**
  건축 설비, 건축 디자인
- **예림 미용 02) 745-6688**
  인체 생리, 피부 관리 실습, 화장품학, 코디네이션
- **한정혜 요리 02) 742-3567**
  조리 이론, 식품학, 기초 실험 조리 및 실습

부록

웨딩 / 격식

웨딩

1. 결혼 계획 세우기

90일 전후

- 전체적인 결혼 계획을 세운다. 그리고 그 계획에 맞춰 예산을 짜고 웨딩 관련 정보를 수집한다.
- 양가 부모 상견례를 하고 결혼 날짜를 정한다.
- 예식장과 피로연 장소를 계약한다.

60일 전후

- 결혼해서 살 집을 구한다.
- 혼수 용품을 작성해 둔다.
- 신혼 여행지를 결정하고 예약을 한다.

40일 전후

- 청첩장을 인쇄하고 인쇄된 청첩장에 틀린 곳은 없는지 체크한다.

· 주례를 결정하고 부탁한다.

· 한복을 맞춘다.

30일 전후

· 신부 화장 예약 및 웨딩 드레스와 예복을 준비한다.

· 예단, 예물을 구입한다.

20일 전후

· 결혼식에 참석할 사람들의 목록을 만들어 청첩장을 보낸다.

· 주방 기구 및 가전 제품, 가구 등을 구입하고 살림살이를 배
치한다.

5일 전후

· 신혼 여행에 가져 갈 물건을 구입하고 예복을 맞춘다.

· 7일 전에는 함을 받는다.

2일 전

· 허니문 가방을 싼다. 신혼 여행을 가는 곳과 기간에 맞춰 평
상복과 정장을 고루 준비하되 부피는 최소한 줄이는 것이 좋
다. 간단한 의약품과 신용 카드도 챙겨 둔다.

하루 전

· 신혼 여행과 예식을 점검한다. 목욕과 마사지를 하고 충분히
휴식을 취한다. 그리고 부모님께 감사하는 마음을 전하는 것
도 잊지 않는다.

혼수

혼수는 자기의 분수에 맞춰 꼭 필요한 물건을 간결하게 준비
하는 것이 좋다. 그래서 절약한 혼수 비용은 저축해 두었다가
생활하면서 필요한 것이 있으면 구입하는 것이 지혜로운 살림

준비 요령이다.

예를 들어 침대, 장식장, 각종 인테리어 용품은 남들이 구입한다고 해서 한꺼번에 구입해 놓으면 자리만 차지하는 애물단지가 되고 만다. 좁은 집에 살다 아이가 태어나면 아이의 공간을 만들기 위해 침대도 치우고 사는 집을 가끔 볼 수 있다.

침대를 치우고자 할 때도 그 보관이 쉽지만은 않다. 그러므로 자신이 살게 될 신혼집을 꼼꼼히 따져 보고 아기가 태어나도 공간이 충분한지 미리 체크한 후 당장 없어도 될 물건은 나중으로 미루도록 한다. 요즘은 빌려 쓸 수 있는 물건들이 많아졌으므로 한때 쓰고 말 물건들은 그때그때 빌려 쓰는 것이 합리적인 살림법이다.

무엇보다 혼수 용품을 구입할 때는 도매 상가를 찾아 발로 뛰는 만큼 비용을 절감할 수 있다.

웨딩 포인트

결혼 자금이 부족한 예비 부부나 결혼 준비 비용을 절약하려는 알뜰 커플이라면 결혼 설계 업체의 문을 노크해 보자.

웨딩 포인트에서는 결혼에 필요한 자금을 대출해 주기도 하고 무료 예식장 알선과 혼수 용품, 폐백 음식, 결혼 답례품 등도 저렴한 가격에 알선해 준다.

자세한 문의 전화 02) 263-7790

혼수 용품 토털 전문점

결혼식에서 혼수 용품 구입, 신혼 여행 안내까지 일괄 서비스하는 혼수 용품 토털 전문점을 이용하면 시간 절약은 물론이고 비용 절감까지 할 수 있다. 시간이 없는 예비 부부들은 손쉽게 쇼핑할 수 있는 토털 전문점을 이용해 보자.

구　　분	전화번호
웨딩 토피아	02) 3473-8953
미래 웨딩	02) 242-8754~5
결혼 이야기	02) 927-0222
가든 혼수 백화점	02) 703-2900
한아름 혼수 랜드	02) 362-2523~5

전자 랜드 21 아울렛

전자 랜드 21 아울렛에서는 가전 제품을 30~70% 할인된 가격으로 판매하고 있다. 이곳의 특징은 성능면에서는 별 이상이 없으나 이월된 상품을 공장 도매가 이하로 판매한다는 것이다.

지　　점	전화번호
노　　원	02)　978-4700
장 안 평	02)　217-5666
부　　산	051)　816-2400

결혼 예물

결혼 예물은 귀금속 상가가 밀집된 종로 4가 예지동 거리를 가 보는 것도 좋다.

가격 파괴형 결혼 예물 전문점인 큐피드 02) 285-3412 등을 들러 보는 것이 도움이 된다.

그리고 동대문에 위치한 거평 프레야 지하 1층에는 200여 평 규모의 거평 귀금속 도매 센터를 개장하고 있다.

이곳은 오전 11시부터 다음 날 새벽 4시까지 문을 열고 있으며 가격도 20~30% 정도 저렴하다. 예물을 구입할 때는 품질 보증서를 받는 것을 잊어서는 안 된다.

문의 02) 267-9289, 269-8358

가 구

가구는 무엇보다 가격 부담이 큰 물건 중 하나이다. 자신에게 맞는 가구를 실속 있게 구입하자.

· 리바트 아울렛 매장	용인점	0335) 31-9166
	시흥점	032) 698-2247
	오산점	0339) 375-9422
	인천점	032) 575-0310
	동수원점	0331) 222-4580
	안 산	0345) 409-9704
	수 원	0331) 255-5077
· 아낌없이 주는 나무		0344) 907-4104
· 뿌리 깊은 나무		0344) 919-0352

주방용품

혼수용 그릇은 동대문이나 남대문 시장 등에 위치한 그릇 전

문 상가나 한국 도자기, 행남 자기의 상설 할인 매장을 이용하
는 것이 좋다.

　한국 도자기는 직영 매장에 가면 새 상품은 20%, 재고 상품
은 최고 50%까지 할인해 준다.

· 한국 도자기　연희 직매장　　　　　　　　02) 338-2631
　　　　　　　　압구정 직매장　　　　　　　02) 540-6700
　　　　　　　　종로 직매장　　　　　　　　02) 279-1800
　　　　　　　　동소문 직매장　　　　　　　02) 926-7007
　　　　　　　　대치 직매장　　　　　　　　02) 538-9948
　　　　　　　　목동 직매장　　　　　　　　02) 654-5064
　　　　　　　　영등포 직매장　　　　　　　02) 636-9031
　　　　　　　　수원 직매장　　　　　　　0331) 251-9800
　　　　　　　　평촌 직매장　　　　　　　0343) 88-1008
　　　　　　　　의정부 직매장　　　　　　0351) 875-0230
　　　　　　　　성남 직매장　　　　　　　0342) 752-6521
　　　　　　　　대전 직매장　　　　　　　042) 532-6800
　　　　　　　　대구 직매장　　　　　　　053) 557-5370
　　　　　　　　부산 직매장　　　　　　　051) 245-8370
　　　　　　　　광주 직매장　　　　　　　0561) 773-8211
· 행남 자기 신사동 상설 할인 매장　　　　080) 540-7905

침구류

　침구류는 동대문 시장이나 고속버스 터미널 상가가 비교적
가격이 저렴하다. 침구류를 구입할 때도 여러 곳을 둘러보고 가
격을 비교한 다음 구입하는 것이 좋다.

　　예단을 제외한 부부가 쓸 이불이나 침대 세트는 계절별 한 채와 차렵 이불, 손님용 이불 한두 채면 적당하다. 요즘은 비교적 난방이 잘 되어 있으므로 겨울용 이불이 그리 두껍지 않아도 된다.

전자 제품

　　전자 제품은 용산 전자 상가나 종르 3가에 위치한 세운 상가를 이용 일반 대리점보다 가격이 저렴하다. 또는 전자 랜드 21 아울렛을 이용하자.

2. 결혼식

　　결혼을 하고 나면 대부분의 사람들은 한 번만 더 하면 아쉬움 없이 잘 할 수 있을 것 같다는 미련을 가지게 된다. 이런 아쉬움을 남기지 않으려면 사전에 충분히 준비하는 것이 좋다. 특히 신부는 화장법과 머리 모양 등은 자신에게 어울리는 스타일을 기억해 두었다가 그대로 해 달라고 요구한다. 말로 설명하기 어려울 때는 잡지의 사진을 오려 두었다가 보여 주는 것도 좋은 방법이다.

청첩장

　　가까운 친척이나 평소에 친분이 두터운 직장 동료나 친구 등을 선별해 청첩장을 보낸다.

　청첩장을 보낼 때도 최소한 결혼 일주일 전쯤에 도착하도록 하고 존경하는 웃어른들께는 직접 찾아 뵙고 인사드리는 것이 올바른 예의이다.

결혼식 순서

1. 개 식
　시간이 되면 사회자가 큰 소리로 결혼식을 시작함을 알린다.

2. 신랑 입장
　사회자가 "신랑 입장" 하면 신랑은 똑바른 자세로 앞을 보고 씩씩하게 걸어 들어온다. 그리고 주례 앞에 도착해서 머리를 약간 숙여 주례에게 인사를 하고 뒤로 돌아서서 신부를 맞이할 준비를 한다.

3. 신부 입장
　사회자가 "신부 입장" 하면 신부는 아버지의 왼쪽 손을 잡고 천천히 앞으로 나아간다. 신부가 단 밑에 오면 신랑은 단 아래로 내려와서 신부 아버지에게 머리 숙여 인사하고 신부를 부축하여 단 위에 오른다. 이때 신랑은 왼쪽, 신부는 오른쪽에 주례를 보고 나란히 선다.

4. 신랑 신부의 맞절
　사회자가 "신랑 신부의 맞절이 있겠습니다" 라고 하면 주례는 신랑 신부에게 마주 보고 서도록 이른다. 신랑 신부는 한 걸음씩 물러서며 마주 선다. 주례가 "신랑 신부 맞절" 하면 각자 45도 각도로 정중하게 허리를 구부려 맞절을 한다.

5. 신랑 신부 혼인 서약
　주례가 신랑 신부에게 혼인 서약문을 낭독하면서 물을 때 신랑 신부는 "예" 하고 대답한다.

6. 성혼 선언

사회자가 성혼을 알리면 주례는 준비되어 있는 성혼 선언문
을 낭독한다.

7. 주례사

주례사를 하는 동안 신랑 신부는 머리를 약간 숙이고 경청한
다. 주례사가 끝나면 가벼운 목례로 감사의 뜻을 표시한다. 축
가는 주례사가 끝난 다음에 부른다.

8. 양가 대표 인사

주례사가 끝나고 나면 양가측의 부모들이 하객석을 향해 같
이 일어서서 45도로 허리를 굽혀 내빈들에게 인사를 한다.

9. 신랑 신부 인사

사회자가 알리면 주례의 지시에 따라 신랑 신부가 내빈들을
향하여 절을 한다.

10. 신랑 신부 행진

사회자가 "신랑 신부 행진"을 알리면 결혼 행진곡에 맞춰 퇴
장을 하게 되는데 신부는 왼쪽에서 신랑의 팔짱을 끼고 천천
히 입구 쪽으로 걸어 나간다.

11. 폐식 및 기념 촬영

사회자가 폐식을 선언하면 바로 기념 촬영을 한다.

12. 폐 백

결혼식이 끝나면 신랑 신부는 대례복으로 갈아입고 폐백실로
가서 신랑의 부모에게 절을 한다.

신랑 신부가 절을 마친 다음 자리에 앉으면 시아버지는 대추
를 시어머니는 알밤을 신부의 치마폭에 던져 준다.

　그 다음은 조부모, 백부모, 시댁의 대소 친척들에게 항렬 순으로 절하는데 신랑과 같은 항렬 내지 그 이하는 맞절로 대한다.

혼인의 성립

　결혼식을 올린 다음에 혼인 신고를 하지 않았을 경우에는 법률상 혼인한 것으로 인정되지 않는다.

　신혼 여행을 다녀와서는 혼인 신고서를 작성하여 해당 구청에서 신고를 마치도록 한다.

혼인 신고는 이렇게

　우리나라는 법률혼 제도를 채택하고 있다. 사실혼 관계도 중요하지만 법률상의 부부가 돼야 한다.

　민법상 혼인이 성립하기 위해서는 형식적인 면과 실질적인 면에서 모든 여건을 갖추는 것이 필요하다.

혼인의 실질적 조건

　쌍방 당사자간의 혼인하고자 하는 의사의 합일이 있어야 한다. 이는 강요나 사기 등의 인위적인 조치가 아니라 서로의 자유 의사에 의한 것이어야 한다는 것이다. 또한 결혼할 당시 혼인 적령기어야 한다. 민법상 남자는 만 18세, 여자는 만 16세 이상이어야 한다. 그러나 이는 미성년자이므로 부모의 동의가 필요하다.

형식적 요건

　법률혼 제도인 우리나라는 혼인 신고를 해야만 혼인의 효력이 발생된다.

혼인 신고

남편의 본적지나 현 주소지의 구청에서 신고를 한다. 장남이어서 본적지 신고를 할 경우에는 혼인 신고서 네 통과 여자의 호적 등본 한 통이 필요하다. 일단 요구하는 인적 사항을 전부 기재하고는 증인 두 명의 연서를 한다. 만 20세 미만인 경우 부모 동의란에 도장이 필요하다.

주소지에 신고해 독립 호적을 만들 경우에는 혼인 신고서 네 통, 여자의 호적 등본 한 통과 남자의 호적등본 한 통이 필요하다.

신혼 인테리어 제안

거실이나 방 하나는 분위기 있게 만들어 보자. 페인트 가게에 가면 쉽게 구할 수 있는 핸디 코트를 이용하면 색다른 분위기를 낼 수 있다.

꾸밀 방은 도배지 대신 핸디 코트를 고무 장갑을 끼고 바른다. 다 바른 다음 빗으로 모양을 내도 되지만 그대로 두어도 좀 거친 느낌이 그런대로 괜찮다. 핸디 코트는 흰 색인데 흰 색이 싫은 사람은 수성 페인트로 원하는 색을 덧칠해도 된다.

그러나 여기서는 핸디 코트의 흰 색을 살리고 검정색 철제 선반이나 철제 장미 촛대 세 개를 만들어 벽에 걸어 보자. 흰 색의 핸디 코트와 검정색의 철제 장미 촛대가 흑백의 조화를 이뤄 무척 잘 어울린다.

더구나 장미와 촛불은 분위기를 더욱 살려 준다.

신혼 때 찍은 분위기 있는 사진 한 장도 확대하여 같이 걸어도 재미있다.

무엇보다도 벽에 너무 많은 액자나 장식품을 걸어 놓으면 자칫 지저분해 보일 수 있으므로 절제된 미를 살리는 것이 중요하다.

장미 촛대 만들기

장미 촛대 3개를 만들기 위해서는 검정색 철제 촛대 3개, 지점토(500g) 세 개, 잎맥 틀, 점토 칼, 점토 송곳, 점토 주걱, 수채화 물감이 필요하다. 점토 칼, 점토 송곳 등은 5종 세트가 1,000원이면 구입이 가능하다. 재료는 남대문 시장 새로나 쇼핑 지하 상가나 지점토 재료를 판매하는 곳에 가면 쉽게 구입할 수 있다.

철제 촛대 세 개를 만들기 위해서는 만 원 정도 투자하면 충분하다. 저렴한 금액으로 촛불이 있는 운치 있는 거실을 만들어 보자.

만드는 방법

1. 장미 꽃잎 만들기

점토를 동그랗게 지름 1.3cm 정도 되도록 빚은 다음 손으로 납작하게 눌러 꽃잎을 7장 되도록 준비한다. 꽃잎 한 장은 도르르 말아 속심을 세우고 그 다음부터는 꽃잎이 1/3씩 겹쳐지도록 차례로 붙여 나간다. 이렇게 해서 장미 다섯 송이를 만든다.

2. 잎맥 만들기

지점토를 지름 1.5cm 정도로 둥글게 빚은 다음 그림처럼 빚는다. 그런 다음 잎맥 틀에 눌러 잎을 만든다. 잎맥 틀에서 떼어 낸 다음 가장자리를 손으로 조금 눌러 주면 더 예쁜 잎이된다. 잎은 15~17장 정도 준비한다.

3. 촛대에 둥근 점토로 심 붙이기

심을 붙여 주면 꽃이 잘 붙고 떨어지지 않는다. 지름 1cm 두께로 둥글게 빚어 그림처럼 철제 프레임에 붙이면서 납작하게 눌러 준다.

4. 장미꽃과 잎 붙이기

원형으로 붙인 점토 위에 나뭇잎 세 장이나 네 장 정도를 먼저 붙인다. 장미꽃은 밑부분을 가위로 반듯하게 자른 다음 붙여 준다.

5. 색칠하기

붙인 장미와 잎이 완전히 마르면 수채화 물감으로 명암을 살짝 주면서 색을 칠한다. 장미는 노랑이나 다홍, 빨강 등 자신이 원하는 색으로 칠하는데 물감에 물을 너무 많이 섞지 않는 것이 좋다. 잎은 초록색으로 칠하는 것보다는 초록+노랑 또는 초록+밤색을 조금씩 섞어 칠하는 것이 예쁘다. 색을 칠할 때 명암 넣기가 자신이 없는 사람은 그림처럼 잎의 2/3 정도는 초록빛으로 칠하고 1/3 정도는 노랑으로 색을 넣어 준다.

격식

제수의 종류

1. **좌반**(佐飯) – 미역, 어육 등으로 만들어 쓴다.
2. **숙채**(熟菜) – 나물은 두 가지나 세 가지를 쓴다.
3. **침채**(侵菜) – 김치는 두 가지나 세 가지를 쓴다.
4. **조과**(造菓) – 유과 또는 엽과 등을 쓴다.
5. **과실**(果實) – 밤, 대추, 곶감, 배, 사과 등을 쓰되 적으면 세 가지, 많아도 다섯 가지 이상은 쓰지 않는다 (문어, 전복 그밖에 건어 혹은 육포 등의 마른 고기를 쓰되 적으면 두 가지 많아도 다섯 가지 이상을 쓰지 않는다).
6. **혜**(醯) – 식혜나 적을 써도 좋다.
7. **저채**(菹菜) – 생김치를 쓴다.
8. **어물**(魚物) – 생선을 쓴다.
9. **육물**(肉物) – 간회 혹은 우회 등을 쓴다.

10. **청장**(淸醬) - 간장을 쓴다.

11. **병**(瓶)   - 떡은 낮으면 다섯 둘금, 높아도 일곱 둘금 정
                    도만 차린다.

12. **구**(炙)   - 육물, 생선 등으로 만들고 적으면 다섯 꼬챙
                    이 많아도 일곱 꼬챙이 이상 쓰지 않으며 만
                    약에 일곱 꼬챙이를 쓸 경우에는 초헌 때에
                    세 꼬챙이, 아헌 때에 두 꼬챙이씩을 올린다.

13. **탕**(湯)   - 육물, 생선, 굴, 대합, 두부 등으로 만들되 단탕,
                    삼탕, 오탕으로 형편에 따라 쓴다.

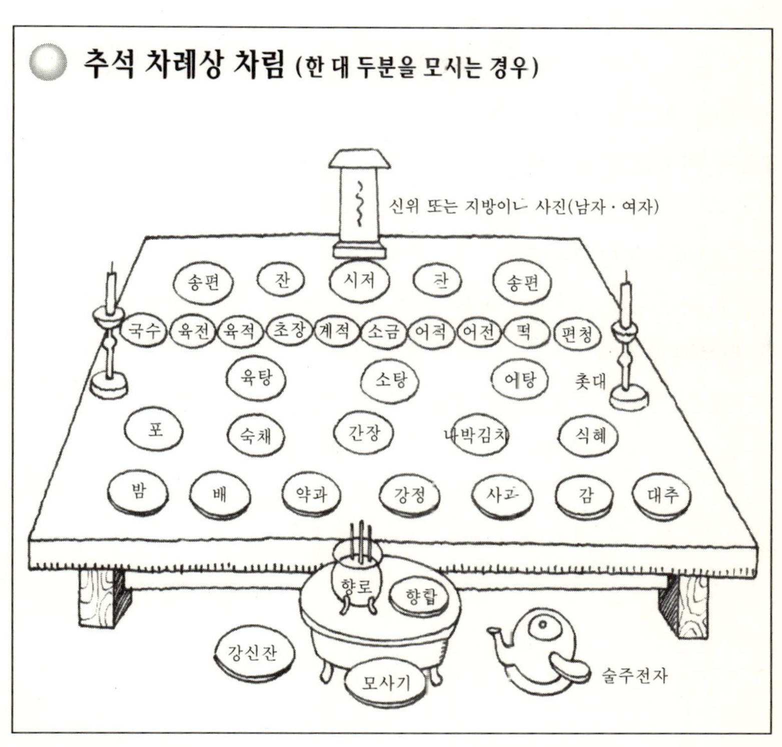

제수를 차려 놓는 위치에도 격식이 있다

1. **좌포우혜** – 포는 왼편에 놓고 식혜는 오른편에 놓는다.
2. **어동육서** – 어물은 동쪽에 놓고 육물은 서쪽에 놓는다.
3. **두동미서** – 생선의 머리는 동쪽으로 향하게 하고 꼬리는 서쪽으로 향하게 놓는다.
4. **홍동백서** – 과일이나 조과의 붉은 것은 동쪽으로 놓고 흰 것은 서쪽으로 놓는다.

※ 차례 때는 기제사와 달리 축문을 읽지 않고 촛대를 놓더라도 촛불은 켜지 않으며 술은 한 잔만 올린다.

신위 모시기와 지방 쓰는 법

신위는 사진으로 하는데 사진이 없을 경우에는 지방으로 대신한다. 지방은 한글로 백지에 먹으로 다음 예처럼 쓰면 된다.

1. **고인이 부모인 경우에는**

'아버님 신위' '어머님 OO(본관)O(성) 씨 신위'

2. **고인이 조부모인 경우**

'할아버님 신위' '할머님 OO(본관)O(성) 씨 신위'

3. **배우자의 경우**

'부군 신위' '망실OO(본관)O(성)씨 신위' 라고 쓰고 그밖에의 신위는 제주와의 친족 관계를 표시한다.

할아버님 신위
할머님 ○○○ 씨 신위

(조부모)

아버님 신위
어머님 ○○○ 씨 신위

(부모)

부군 신위

(남편)

망실 ○○○ 씨 신위

(아내)

- 할아버지 – 현조고(顯祖考) (지방과 축문에 씀)
- 할머니 – 현조비(顯祖批) (지방과 축문에 씀)
- 아버지 – 현고(顯考) (지방과 축문에 씀)
- 어머니 – 현비(顯妣) (지방과 축문에 씀)
- 남 편 – 현벽(顯僻) (지방에 씀)
- 아 내 – 망실(亡室), 고실(故室) (지방에 씀)

수연 축하 문구

- 축 수연 (祝 壽宴)
- 축 회갑 (祝 回甲)
- 축 환갑 (祝 還甲)
- 축 희연 (祝 禧筵)

결혼 축하 문구

- 축 결혼 (祝 結婚)
- 축 화혼 (祝 華婚)
- 축 성혼 (祝 盛婚)
- 축 성전 (祝 盛典)

　　· 근조 (謹弔)　　　· 부의 (賻儀)　　　· 조의 (弔意)

칭호법

· 내가 상대편을 말할 때

손윗사람	귀하, 어르신네
남편	당신, 여보
아내	마누라, 아내, 당신, 여보
큰아버지	백부님, 큰아버님, 큰아버지
큰어머니	백모님, 큰어머님, 큰어머니
작은아버지	숙부님, 아저씨, 작은아버지
작은어머니	숙모님, 작은어머니, 아주머니
장인	빙장, 장인, 빙부
장모	빙모, 장모

· 상대편에게 나를 말할 때

손윗사람	소생, 시생
은사	소생, 문하생
할아버지, 할머니	소손 불소손
아버지, 어머니	소자, 불효자
남편	처, 우처
아내	부, 가부
큰아버지, 큰어머니, 작은아버지, 작은어머니	사질, 조카

장인, 장모	사위
외숙, 외숙모	생질, 표질
이모, 이모부	이질
고모	가질
고모부	인질, 부질

· **상대편을 내가 다른 사람에게 말할 때**

할아버지	조부
할머니	조모
아버지	가친, 엄친
어머니	모친, 자친
남편	바깥양반, 남편, 주인, 부군
아내	내자, 형처
큰아버지	사백부
큰어머니	사백모
작은아버지	사숙
작은어머니	사숙모
외조부	외왕부
장인	비빙장
장모	비빙모

· **상대편을 다른 사람이 나에게 말할 때**

| 할아버지 | 조부장 |
| 할머니 | 존조모 |

아버지	춘부장
어머니	자당
남편	현군
아내	합부인
큰아버지	백부장
큰어머니	존백모
작은아버지	숙부장
작은어머니	존숙모
장인	존빙장
장모	존빙모부인

겨울을 이겨낸 나무

내 마음에 가득 차오르는 생명의 숨결,
겨울을 이겨낸 나무

겨울을 이겨낸 나무는 힘든 시대를 살고 있는 우리들에게
많은 것을 알려주는 스승이다.
제 몸 하나 가누기 버거운 시련의 겨울에
잊고 살기 쉬운
친구, 사랑, 희망, 믿음의 보따리를
우리에게 몽땅 내놓은
겨울을 이겨낸 나무,
이젠 우리가 나무가 되어야 할 때이다.

＊메리 페이 지음 / 이구용 옮김 / 양장본 / 값 6,500원

전세계적인 스테디셀러 「나에게 쓰는 편지」의 저자 휴 드레이더의 최신작

나에게 쓰는 영혼의 편지
Spiritual Notes to Myself

"휴 프레이더, 그가 다시 한 번 해냈다.
이 책은 영혼의 산물이며
우리 시대의 걸작이다."

＊휴 프레이더 지음 / 오현수 옮김/ 168면/ 값 7,000원

휴 프레이더가 전하는
인생의 절벽에서 당신을 감아쥐는 밧줄 같은 속삭임!

SANDRA BROWN

로맨스 소설의 거장
산드라 브라운

꽃을 보내지 마세요	값 7,000원
크리스마스 이브의 천사	값 7,000원
너무도 아름다운 사랑	값 7,000원
침대에서 아침을	값 6,500원
때로는 연인처럼	값 6,000원
사랑의 텍사스	값 6,500원
정열의 텍사스	값 6,500원
연인들의 텍사스	값 6,500원
여신과 사랑을	값 6,000원
사랑이 눈뜰 때	값 6,000원
황홀한 신부	값 6,000원
오랜 기다림 후에	값 6,000원

AMANDA QUICK

열정적인 로맨스의 귀재
아만다 퀵

러브 어페어	값 8,500원
아프로디테의 반지	값 8,000원
아름다운 구속	값 8,000원
나의 사랑 이피지니아	값 8,000원
자마리스의 여인	값 7,000원
어느 멋진 파트너 ①②	각권 6,000원
매혹의 왈츠 ①②	각권 6,500원
무모한 사랑 ①②	각권 6,000원
랑데부 ①②	각권 6,000원
사랑의 사기꾼	값 7,000원
신비한 매력	값 8,000원

팬터지 로맨스 시리즈

아마릴리스의 선택	값 8,000원
지니아의 사랑	값 8,000원
오키드의 운명	값 8,000원

IRIS JOHANSEN

최고의 이야기꾼
아이리스 요한슨

운명이 가르쳐 준 사랑	값 8,500원
사랑을 기다리는 여자	값 6,800원

페가수스 러브 스토리 시리즈

아름다운 전설	값 8,500원
베르사유의 전설	값 8,500원
페가수스의 전설	값 9,000원

LISA KLEYPAS

매혹의 로맨스 작가
리사 클레이파스

사랑은 연극처럼	값 8,000원
꿈결처럼 다가온 사랑	값 8,000원
사랑이 그대에게 다가올 때	값 8,000원
그대 가슴속의 향기	값 8,000원
그의 향기를 느낄 때	값 7,000원

큰나무의 로맨스는 계속 출간됩니다.